普通高等教育艺术设计类专业"十二五"规划教材
计算机软件系列教材

Maya核心动画

主　编　郭永福　骆　哲　李瑞林

副主编　陆　艳　刘冠南　袁　帅

参　编　杨永波　李　垠　李　庆

华中科技大学出版社
http://www.hustp.com
中国·武汉

内 容 简 介

本书内容分 13 章或 3 部分。第一部分介绍了 Maya 核心动画软件的界面、应用工具以及动作驱动制作的工具命令；第二部分介绍了建立女性人体骨骼的方法，包括腿部骨骼、上身骨骼、手臂骨骼等的创建方法；第三部分介绍了人体骨骼的各种控制器及其约束绑定的创建方法、五官绑定及身体蒙皮、标准走步动作编辑等内容。

本教材采用直接、直通的方式介绍相关内容，省略了部分与本实例无关的命令，具际操作性和实用性，特别适合艺术设计类读者学习。

图书在版编目(CIP)数据

Maya 核心动画/郭永福　骆　哲　李瑞林　主编.—武汉：华中科技大学出版社,2013.8
ISBN 978-7-5609-9006-4

Ⅰ. M⋯　Ⅱ. ①郭⋯　②骆⋯　③李⋯　Ⅲ. 三维动画软件-高等学校-教材　Ⅳ. TP391.41

中国版本图书馆 CIP 数据核字(2013)第 102722 号

Maya 核心动画　　　　　　　　　　　　　　　郭永福　骆　哲　李瑞林　主编

策划编辑：谢燕群
责任编辑：谢燕群
责任校对：朱　霞
封面设计：刘　卉
责任监印：周治超
出版发行：华中科技大学出版社(中国·武汉)
　　　　　武昌喻家山　　邮编：430074　　电话：(027)81321915
录　　排：武汉金睿泰广告有限公司
印　　刷：湖北新华印务有限公司
开　　本：880mm×1230mm　1/16
印　　张：9.5
字　　数：242 千字
版　　次：2013 年 8 月第 1 版第 1 次印刷
定　　价：48.00 元

华中出版

序

    郭永福先生等主编的《Maya 核心动画》填补了多年以来 Maya 类教材的一个空白，它解决了学习 Maya 时的一些关键问题。有些学校曾经想开设 "Maya 动画设计与制作" 课程，但因没有合适的教材而放弃了；也有很多同学想学 Maya 却又苦于没有合适的教材而放弃了。曾经有一本关于 Maya 2009 的教材，该书共 700 多个页码，售价 130 多元。虽然这本书写得非常细致和完整，全面展开了所有的菜单命令（有几千个），但对于一个计算机基础还不太扎实的大二、大三学生来讲，其压力之大是可想而知的。很多老师看过这本书，都认为过于繁杂，即使读一遍也要花费很长时间。

    作者在编写该教材之前，与我谈过他编写此教材的指导思想、编写方法以及课时安排等问题，我认为是符合教学大纲的基本要求的，在理论教学和实践教学方面均有创新。Maya 内容共有 8 大部分，其中动画部分的学习难度是最大的。专业培训机构培训 Maya 内容要花 1 年时间，其中动画部分最少要 4 个月，而费用 1 年要 13000~20000 元，其中动画制作部分费用则要 5000 元，还不能完全学到家。

    我们对 Maya 动画部分内容的学习时间设定为 1 个半月，只是培训机构所花时间的三分之一，使 Maya 教学顺利融入专业教学的课程设置中来；同时又减少了学生的学习费用；也为《Maya 核心动画》的编写打下了基础。

    本教材提出并解决了一些学习难点，突出了学习重点，是动画教学中的一个突破。随着动漫产业的高速发展，希望该教材能对我国的动画教育事业做出贡献。

中国包装联合会设计委员会第九届全国委员
湖北省高等教育学会首届艺术设计专业委员会常务理事
中南财经政法大学武汉学院艺术系主任

二零一三年三月

引 言

YINYAN

从动画之父埃米尔·雷诺在 1888 年的试验性放映到今天的动画影视已经有 100 多年的历史。从 20 世纪 80 年代初至 20 世纪 90 年代末，动画设计制作已从平面进入三维动画设计制作发展阶段，随着 1995 年 Windows 可视化操作系统的问世，三维动画设计软件 Maya 在 1998 年 2 月发行 1.0 版。至 2008 年 2 月，Maya 历经了 10 代共 20 多次变革的不太稳定发展历史。从第 8 代 Maya 被 Autodesk 公司收购后又进入一个新的不断发展阶段，它经历了 Linux 版和 Vista 版本的革新与演变，直到今天的 2013 版，Maya 经历了共几十个版本的发展过程。

随着动画产业的发展，Maya2013 进入了稳定、可靠的发展时期。为了适应动画教育事业发展的需要，我们编写了《Maya 核心动画》教材。

为什么我们对 Maya 软件教材进行这样的命名呢？这是因为有很多人对 Maya 的认识不够，都认为 Maya 很复杂、很难学。其实相对而言，它比学习其他软件稍微困难一点，比如：3DsMax、Poser、DAZ Studio、ZBrush 等。学习所有软件都是一样的，不要光看到它的复杂性。即使再茂密的原始森林，如果从中修了一条高速公路，那么也是可以快速进出的。《Maya 核心动画》就是我为大家修的一条学习 Maya 软件的"高速公路"。

在此还有几点说明：

1．核心动画中的"核心"，是指动画骨骼的驱动形式，利用高级别的动画元素实例完成教学。所谓高级别是指"人体的骨骼"。人是动画的基本元素，只要我们掌握了"人体运动骨骼"的动画制作方法（特别是女性人体骨骼），那么其他动画的制作，动物的、植物的，就会迎刃而解。动画的基本元素是与"人"分不开的，因此你只要能制作好人物骨骼动画的核心驱动，你就是动画设计师。

2．Maya 快车是指用直接、直通的方式来达到学习目的。其方法是省略少量与本实例无关的命令，直达目的。

3．围绕与本实例相关和为本实例服务的命令并反复练习，走直路，不走弯路。

4．快速：本教材设定学习时间为 96 课时。

Maya 软件共有 8 个部分，其中动画部分的学习难度是最大的。市场培训机构进行培训要花 1 年时间，费用要 13000~20000 元。其中动画制作部分的培训要花费 5000 元。而我们设定的 Maya 动画部分的学习时间只需要 1 个半月（96 课时），只是市场培训机构的三分之一，费用的节省就更不用说了。本实例是以女性人体模型来制作动画骨骼驱动的，还包括动画权重编辑、动画输出渲染、人物标准走步的关键帧动画编辑等。设定理论学时为 32 学时，实践指导学时为 64 学时，这是通过科学的教学方法和实践经验得来的结论。

中国美术家协会会员
湖北文艺理论家协会会员
中国发明家协会会员
湖北省发明家协会会员

二零一三年五月

目　录

MULU

第1章
界面认识与工具应用

本章学习重点：

掌握学习 Maya 的正确方法，了解人体结构及其动作的基本要素。

1.1　Maya核心动画简述

动画的动作是动画的核心表现载体。动画可以是人物、动物、植物、非生命体等，它们本身是不能动的，它们需要能源驱动才可以有动作，如人物要吃饭、喝水，动物要吃草、喝水，汽车、飞机要燃油，植物要风吹才会产生动作。Maya 动画驱动就是给动画角色添加动力源。

Maya 动画动作的驱动源主要来源于数据代码和制作控制。人体的表现载体有肌肉、皮肤、服装等，它们本身是不能动的，它们要依靠血液循环、空气循环及 206 块骨骼的驱动才会产生动作，其中的主要驱动就是骨骼，人体没有骨骼就没有动作，因此，骨骼是驱动和指挥人物产生动作的核心载体。本书是以人物骨骼的动作驱动为目标而编写的，因为只有做好了骨骼的动作驱动，人物的动作才能得到完美的体现与发挥。

Maya 核心动画通过对骨骼的驱动形式进行计划与驱动设置，编辑关键帧、计算代码等来完成动画动作的编辑，是以人体为基本元素的动画设计过程。Maya 动画设计中"人体"的驱动制作级别是最高的，只要我们熟练掌握了人体骨骼运动的基本规律，就不惧动物、植物等其他动画角色动作的制作了，你所设计的动画角色会行动自如。

本教材采用直接、直通的方式来达到学习目的。方法是：省略部分与本实例无关的命令，直接展开与本书实例相关和为本实例服务的命令进行深入的分析，走直路，不走弯路。

（1）Maya2013 版是中文版，对于中国人来讲大大降低了学习难度，在本书里我们将首先介绍 Maya 核心动画制作的主要工具使用方法与设置及自定义快捷工具图标，建立保存项目与角色模型的导入设置。

（2）本实例中我们主要使用骨架、约束、蒙皮、编辑变形器、创建变形器、创建、修改、编辑、窗口、显示、动画、文件等菜单，另外在"曲面"编辑模块中应用到"编辑曲线"菜单。其他公共菜单我们使用得很少。

（3）工具架的命令有曲线、多边形、动画三个选项，在工具架中主要采用我们自定义的工具。这些命令在菜单中也可以找到。Maya 菜单命令看上去很多，其实是因为有很多命令交互在几个模块中，只要认真区分，学起来还是很轻松。

1.2 功能区命令与工具排列

Maya 动画工作界面如图 1-1 所示，共分 17 个功能区。这 17 个区中我们最常用的功能区有：工具箱、菜单栏、状态行、工具架选项卡、窗口显示菜单栏、窗口状态行、通道盒、图层编辑器、属性编辑器、动画控制栏等。

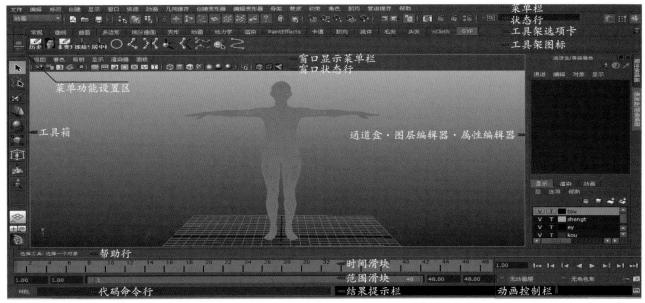

图1-1

1.3 Maya动画模块菜单栏

Maya 动画模块展开界面如图 1-2 所示。其中有编号的菜单命令是动画动作骨骼驱动的常用命令，有灰色三角形的菜单代表还有下一级菜单，菜单的后面有灰色方框的菜单表示有菜单设置编辑器，菜单后面的灰色字母表示快捷方式。

图1-2

1.4 自定义快捷工具架选项卡（一）

步骤如下：①在菜单功能设置区点击灰色三角形，在弹出的菜单中选择"新建工具架"命令，如图1-3所示。②在"创建新工具架"的"输入新工具架的名称"栏中输入新工具架名称。

注：不要输入中文名称。

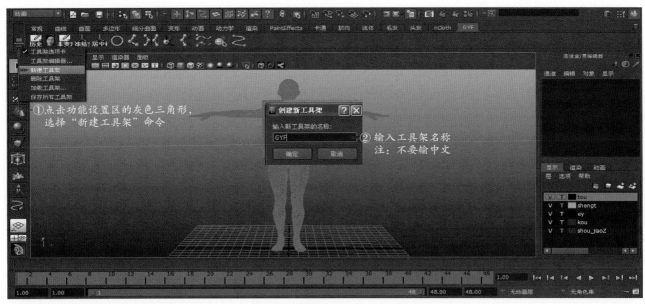

图1-3

1.5 自定义快捷工具选项卡（二）

任意选择菜单中的某个命令，按Ctrl加Shift键，再点击鼠标左键，即可在工具架上产生所选取的菜单命令图标，如图1-4所示。一般添加我们常用的图标命令，如CV曲线、冻结变换、居中枢轴向、清除非变形历史等。

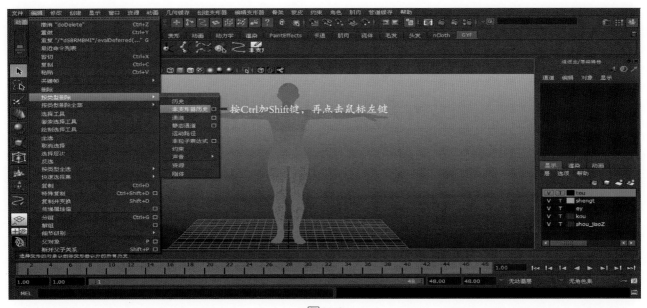

图1-4

1.6 自定义快捷工具选项卡（三）

在窗口左上角的"菜单功能设置区"点击灰色三角形，选择"工具架编辑器…"。

在弹出的"工具架编辑器"窗口里可以对工具架上的图标工具进行编辑、重命名、删除等操作，同时也可以对按钮的颜色背景及字体颜色进行编辑。具体操作见图1-5。

图1-5

1.7 自定义快捷工具选项卡（四）

通过"工具架编辑器"窗口中的"命令"选项卡、"双击命令"选项卡、"弹出菜单项"选项卡可以查看命令代码，也可以复制粘贴到MEL命令行回车即可得到命令（这种方式很复杂，一般我们不使用），如图1-6所示。

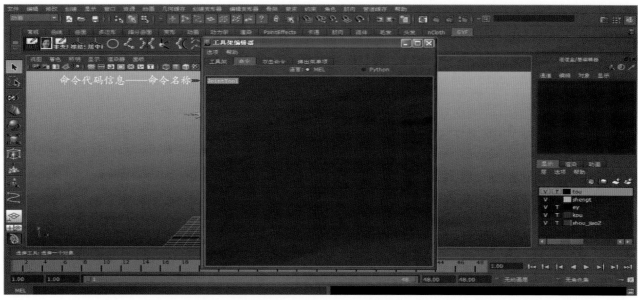

图1-6

第2章

Maya核心动画动作驱动制作工具命令简介

本章学习重点:

准确使用人体骨骼驱动要素制作的关键命令及其相关属性设置与驱动制作。

2.1 命令使用介绍

Maya 核心动画动作驱动计划与设计是动画制作的关键技术,它的常用命令并不多,但都分布在各项菜单中,因此我们要对常用命令做自定义快捷图标,方便我们在使用的过程中能够找到它们。Maya 动画模块看起来很复杂,但只要我们掌握了它的命令出现方式及布置方式,那么使用起来就会得心应手。

一般 Maya 工具在执行选定的编辑时,大部分修改和编辑命令会自动连接到右键菜单中,否则是错误的编辑。本书中使用了 27 个基本命令,其中包含 14 个常用命令。掌握好这 14 个常用命令的使用方法后,运用其他命令工具就会非常容易。

1) 还原清理工具

历史: 常用命令,用于删除选定对象的所有历史记录。

非变形历史: 常用命令,用于删除选定对象以及非变形器以外的所有历史记录。

冻结变换: 常用命令,当确定对象不再异动时使用,具有还原参数归零的功能,在本书中主要针对"曲线控制器"。

居中枢轴: 常用命令,对选定对象的移动坐标轴进行"轴向"居中。

2) 建立骨骼工具

关节工具: 可称为骨骼,可根据模型结构点击鼠标左键添加,属不常用命令。

镜像关节: 针对选定骨骼镜像的专用工具,属不常用命令。

连接关节: 针对选定两段骨骼之间的连接命令,属不常用命令。

层次编辑器: 可用于转移 IK 的连接点而不损坏原点的功能,属不常用命令。

连接编辑器: 在本书中"连接编辑器"都是以曲线作为属性载体,因为曲线可以绘制出很多不同的形状,而在输出渲染时也不会被渲染,因此都用它来作为控制器。可以通过添加属性后实现对控制对象的动作控制。

3）曲线控制器绘制工具

激活：针对选定对象激活，实现在某个选定对象上绘制 CV 曲线，属不常用命令。

CV 曲线工具：应用在某个被激活的曲面上创建曲线。在本书中，用于多边形控制器的绘制，属不常用命令。

NURBS 圆环：常用命令，在本书中主要用于绘制圆形"控制器"。

重建曲线：用于曲面模块中的曲线编辑，实现增加或减少编辑顶点，属不常用命令。

4）IK 连接控制编辑工具

IK 样条线控制柄建立工具：主要用于在 IK 柄连接区间生成一段样条线控制器，拖曳顶点即可移动关节骨骼的动作，属不常用命令。

IK 控制柄工具：常用命令，主要用于实现骨骼与骨骼之间的 IK 连接控制，可实现单向和旋转连接。

C"簇"命令：常用命令，用于在曲线上生成连接点（C），实现变形的连接，主要应用在表情设计上。

5）约束绑定工具

父对象约束连接命令：常用命令，也可以叫绑定命令，其快捷键为 P 键。

点约束工具：常用命令，主要用于选定对象与控制对象的约束。

目标约束工具：它决定被约束对象和约束对象之间的影响，选择顺序不同则约束效果不同，属不常用命令。

方向约束工具：常用命令，主要用于约束被选定对象与选定对象的同步关系。

缩放约束工具：常用命令，特征是选定对象影响被选定对象的放大或缩小。

父对象约束工具：常用命令，它与父对象连接命令的约束效果不同，其特点是与父对象绝对跟随。

极向量约束连接工具：主要用于 IK 连接约束，有时还要通过"层次"编辑器来辅助完成，属不常用命令。

6）显示设置工具

关节大小比例工具：主要用来设置关节（骨骼）在窗口中的显示比例，属不常用命令。

IK 柄大小比例工具：主要用来设置关 IK 柄的大小显示设置，属不常用命令。

7）动作与蒙皮工具

全重工具：常用命令，主要用于表情动作的设置与编辑。

蒙皮工具：主要用于骨骼与模型的绑定与设置、属性编辑，属不常用命令。

2.2　Maya模型导入方法一

一般 Maya 的模型文件格式为 Obj，是一种通用模型格式。Maya 安装后默认状态下是不能导入 Obj 格式的，该格式是通过一个专用插件导入的，它需要我们在插件管理器中勾选才能完成导入功能，如图 2-1 所示。

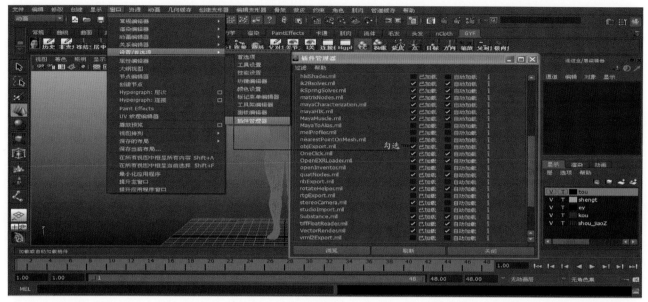

图2-1

2.3　Maya模型导入方法二

Maya 模型导入步骤如图 2-2 所示。

①在文件菜单下选择"导入"后面的小方框。②在导入选项中点击文件类型栏右侧的灰色三角形。③找到 obj 名称并选择它，其他选项保持默认。④点击"导入"按钮。⑤在"导入"对话框中的左上角选择"我的计算机"，找到文件所在的盘符及 obj 文件并点选它。⑥点击"导入"按钮即可完成模型导入，如图 2-3 所示。

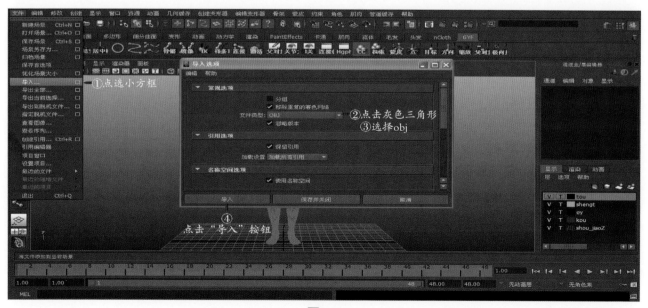

图2-2

注：其他选项保持默认。

图2-3

2.4 Maya工具箱

Maya 工具的使用方法比较简单。对于初级学者来说，要注意的是：状态行中的命令要配合使用，这在实例中我们将会使用到。工具箱中的工具除快捷键、快捷图标以外，在右键菜单中和编辑修改、窗口菜单下均有提供，如图 2-4 所示。

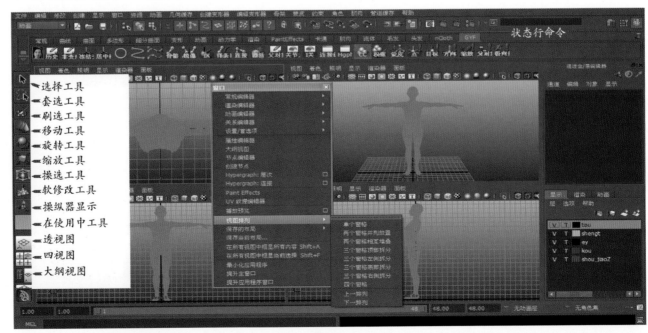

图2-4

2.5　工作窗口和常用工具

用于显示窗口的工具有透视窗口、四视图窗口、大纲视图窗口等。常用工具有旋转工具、移动工具、缩放工具等，如图 2-5 所示。

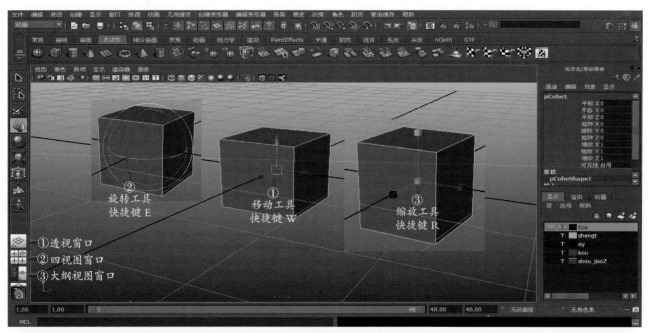

图2-5

2.6　Maya右键菜单

Maya 常用右键菜单有以下 4 个："顶点"命令、"边"命令、"对象模式"命令、"面"命令，如图 2-6 所示。

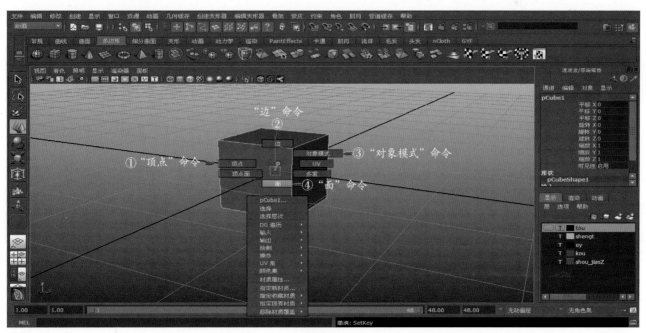

图2-6

2.7　Maya工具属性及对象属性

对象属性的快捷键为 Ctrl 加 A 键，快捷图标在窗口右上角，一般我们将这些属性保持在默认状态，一般在通道盒状态下工作，如图 2-7 所示。

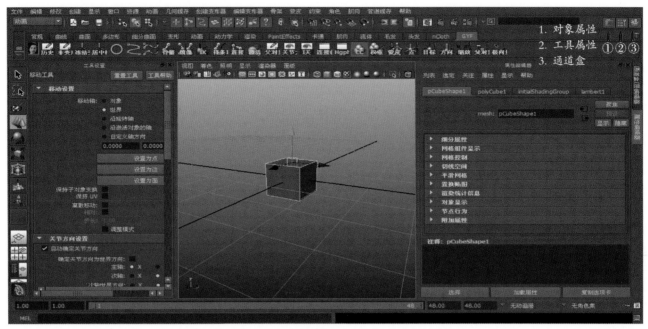

图2-7

第3章
建立腿部骨骼及IK连接骨骼

本章学习重点：

模型导入、曲线控制器、属性设置。使腿部骨骼自然移动。

3.1　导入人体模型

导入人体模型步骤如图 3-1 所示。

①在文件菜单下选择"导入"命令后面的小方框图标，打开"导入选项"编辑器。②在导入选项栏的"文件类型"里找到 obj 模型文件格式。③点选"单个对象"。④点击"导入"按钮，在"导入"编辑器中找到"文件夹书签"并在此找到 obj 人体模型的位置。⑤ 点选 GYF_02 模型名称后再点击"导入"按钮即可导入模型。

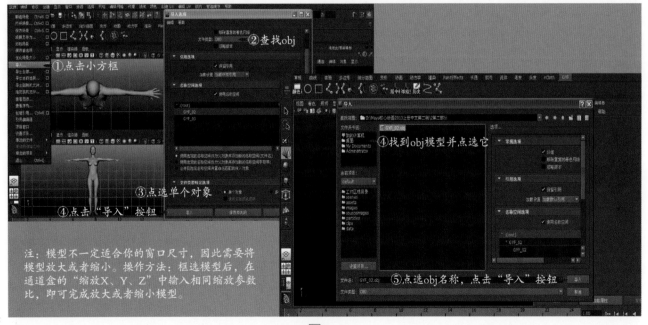

图3-1

3.2 建立脚跟骨骼

建立脚跟骨骼的步骤如下。

①打开骨架菜单,选择"关节工具"后面的小方框。②在"关节设置"栏里点击一下"重置工具"按钮。③在人物模型的臀部依次向下建立 5 个骨点,如图 3-2 所示。

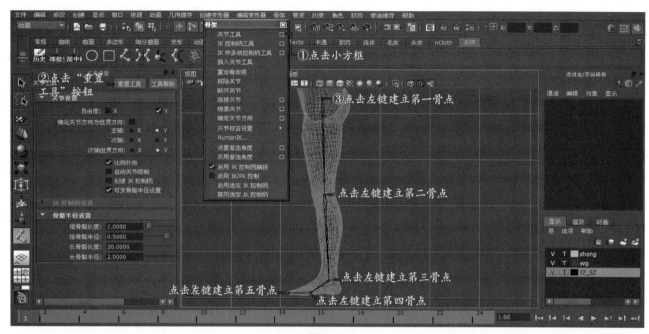

图3-2

用同样方法继续建立脚跟的反向骨骼:①在脚跟处点击,建立第一骨点。②在脚尖处点击,建立第二骨点。③在脚掌处点击,建立第三骨点。④在脚踝处点击,建立第四骨点,完成脚部骨骼建立,如图 3-3 所示。

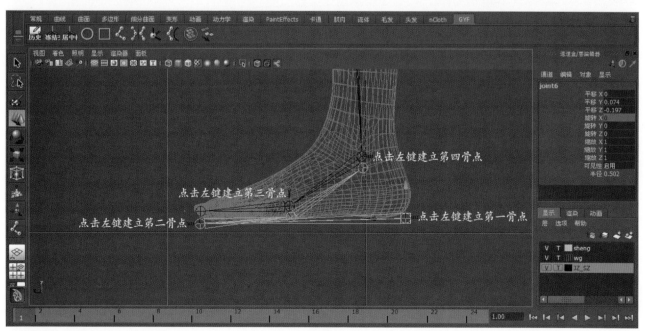

图3-3

3.3 为骨骼点命名

①在"修改"菜单下选择"搜索和替换名称…"命令。②在"搜索替换选项"窗口的"搜索"栏内输入骨骼原始名称 joint。③在"替换为"栏内输入 tuen。④点击"替换"按钮，如图 3-4 所示。

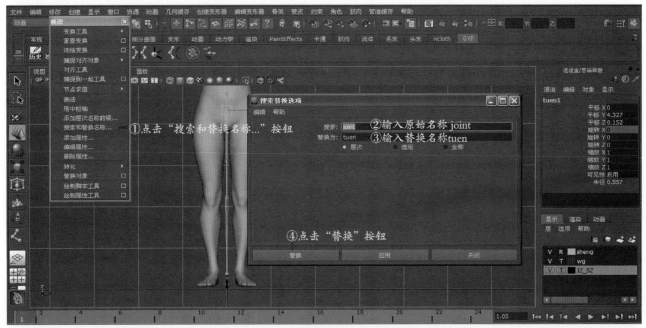

图3-4

⑤打开大纲视图，如图 3-5 所示。检查查找与替换的名称是否正确。

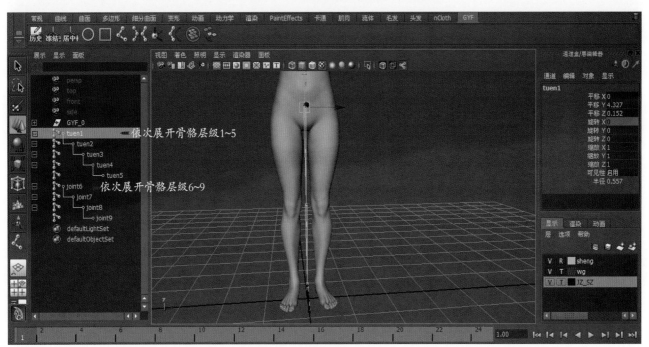

图3-5

⑥对自动产生的骨骼名称进行如图 3-6 所示重新命名。

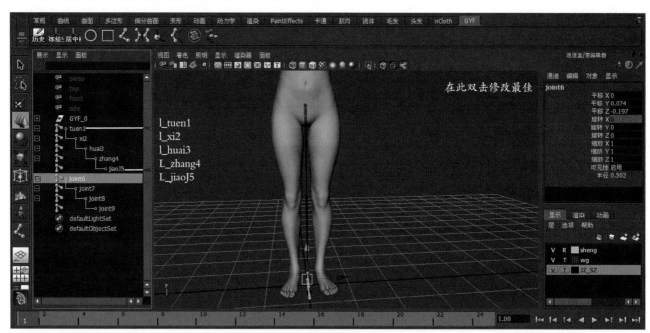

图3-6

⑦用同样方法对反向骨骼名称进行重新命名，如图 3-7 所示。

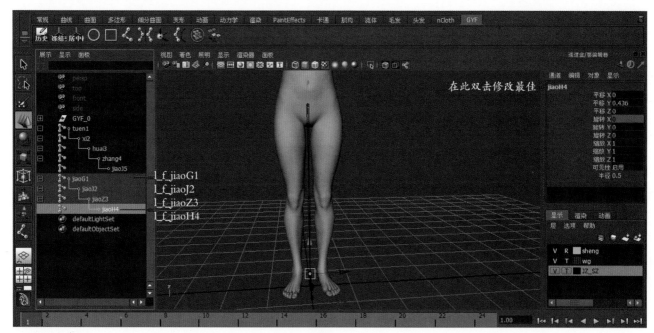

图3-7

⑧全选反向骨骼，使用移动工具沿 X 轴向右拖曳，与左腿中心对齐。⑨按一下 Ins 键，将脚尖的骨骼进行移动、调整，并将它们的骨骼点摆放在一条线上呈 / 杠状，如图 3-8 所示。

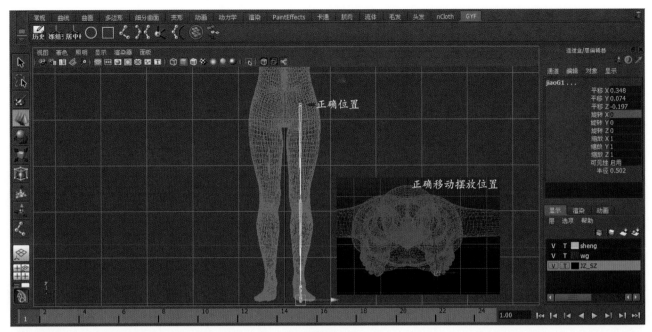

图3-8

3.4 建立IK链接骨骼

①在骨架菜单下选择"IK 控制柄工具"后面的小方块。②在"IK 控制柄设置"中的"当前解算器"选项中，点击右侧的倒三角，选择第二项"ikRPsolver"旋转控制链接，同时勾选"自动优先级"选项。其他选项保持默认。③在骨骼的第一骨骼点至第三骨骼点间建立 IK 链接，如图 3-9 所示。

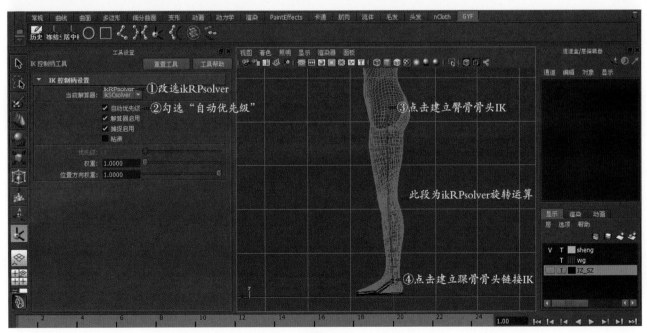

图3-9

④点选第二点位置的"IK柄",查看链接效果,如图3-10所示。

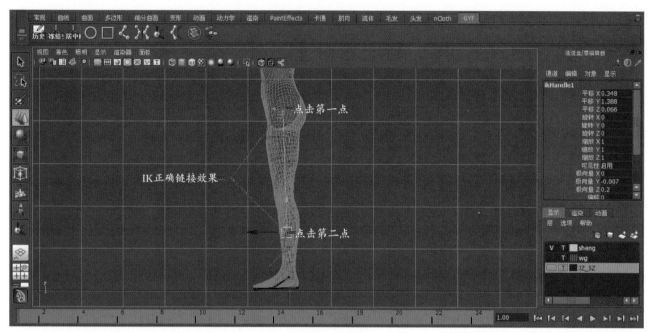

图3-10

⑤选择 IK 链接工具,继续对踝骨骨点及掌骨骨点和脚尖进行链接。改变"当前解算器"中的设置,如将"ikRPsolver"(旋转)控制改为"ikSCsolver"(单向链接),如图 3-11 所示。

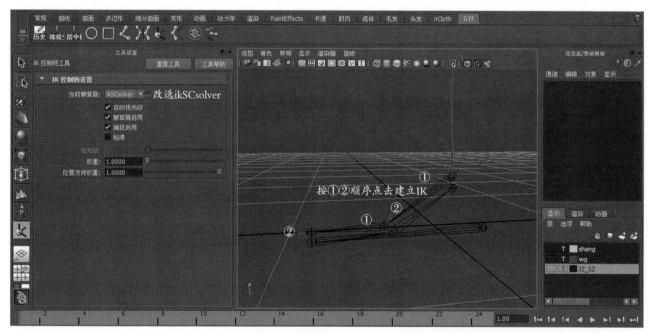

图3-11

⑥完成"IK 控制链接"工具设置后，依次完成图 3-12 所示各步骤连接。

注：当建立一次连接后，还需点击一次 IK 工具图标。

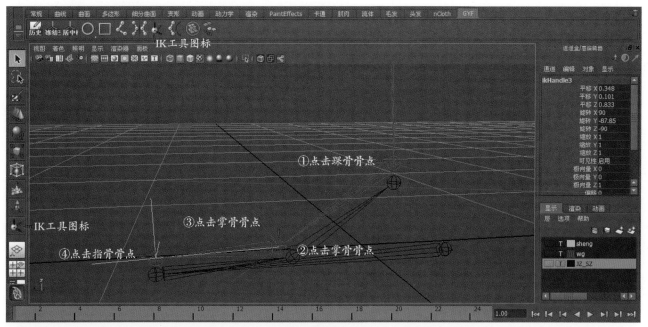

图3-12

⑦打开大纲视图，对 IK（控制柄）连接进行重命名。腿部只有一根 IK 连接，依次命名为 L_ik__tueiG1、
L_ik_zhang2、L_ik_jiaoJ3，如图 3-13 所示。

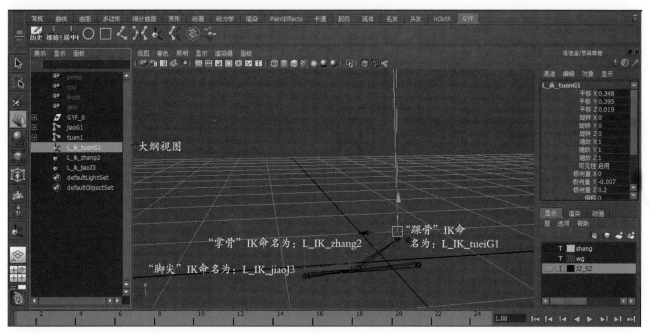

图3-13

3.5 骨骼父子级绑定

大家知道，脚腕是可以旋转的，而脚后跟则是影响整个脚部的关键，因此把"脚"作为父级，被绑定的称为子级。在这里我们把脚踝骨点、脚掌骨点、脚尖骨点作为子级进行绑定。首先选择被绑定骨点（IK控制点），再选择父骨控制点（按 P 键即可），如图 3-14 所示。

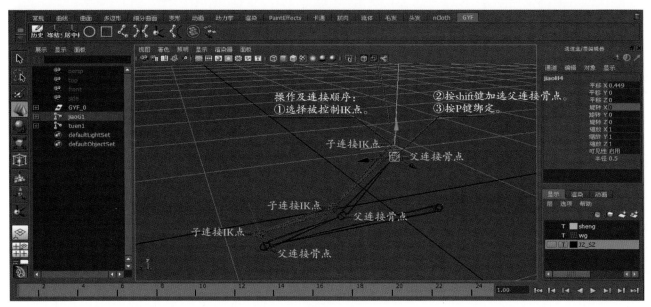

图3-14

3.6 骨骼镜像

进行前视图镜像骨骼的操作步骤如图 3-15 所示。①在工作区选择骨骼的跟骨头，选择"骨架"菜单下的"镜像关节"后面的小方框。②在镜像关节选项框内点选 YZ 方向。③在"搜索"栏内输入 l。④在"替换为"栏内输入 r。⑤点击"镜像"按钮。

图3-15

骨骼镜像后检查名称是否完全以 R 开头，再点击控制连接柄并将"脚"骨骼进行父子级绑定连接。连接完成后再点击 3 个控制柄，如图 3-16 所示，将它们的值还原为 0，点击"历史"、"冻结变换"图标。

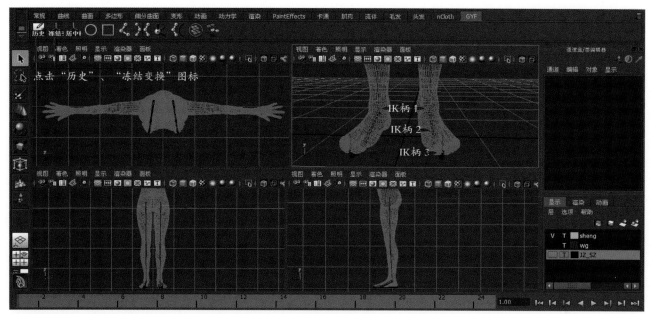

图3-16

3.7　建立曲线控制器

曲线控制器大多是通过绑定及约束来实现的，但建立控制器之前必须先使用 NURBS 曲线。①点击建立曲线命令图标。②将自动生成的圆形框命名为 jiao_con，点选它再点击鼠标右键，从弹出菜单中选择"顶点控制"选项。③按 W 键沿左脚或右脚模型拖曳每一个点并调整造型。④点击"历史"、"冻结变换"、"居中枢轴"三个图标，其变化值将还原为 0 的位置。具体操作如图 3-17 所示。

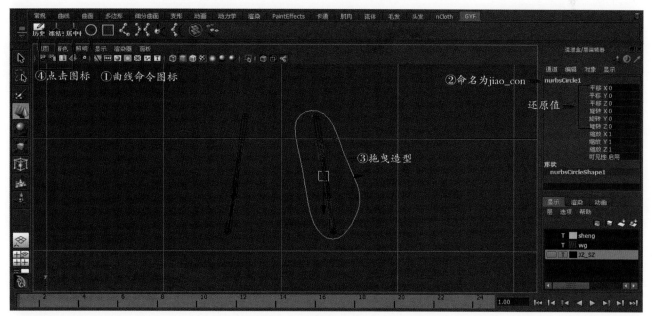

图3-17

1. 为曲线"脚"环添加属性名称

①在右侧通道盒选择"编辑"选项卡下面的"添加属性"命令。②在弹出的属性编辑器内输入相应的属性值,长名称为: L_con_jiao。③点选"浮点型"。④最小值为 −10,最大值为 10,默认值为 0。⑤点击"确定"按钮。具体操作如图 3−18 所示。

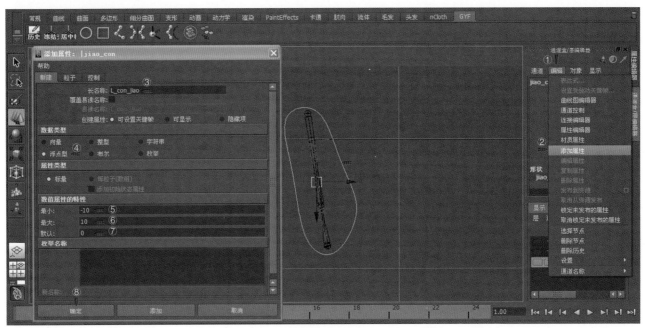

图3−18

2. 复制曲线控制器

①按 Ctrl+D 键复制曲线脚环。②到属性栏的旋转 Z 栏内输入"−180",此时曲线脚环就会镜像过来形成一对曲线脚环,如图 3−19 所示。

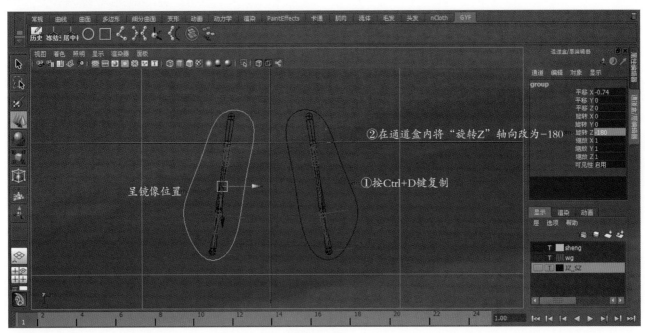

图3−19

图 3-20 所示操作看似简单，但它非常重要，不管在什么样的情况下，只要是曲线控制器，就都要进行以下动作，为添加属性而奠定基础：①点击复制好的曲线脚环；②点击"冻结变换"、"居中枢轴"、"历史"三个图标。

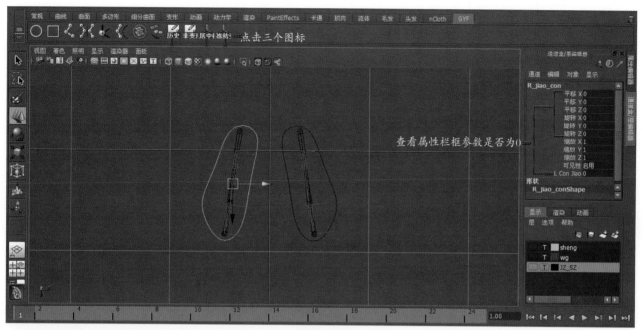

图3-20

为曲线脚环进行命名，左脚命名为 jiao-con,，右脚命名为 R_jiao-con，如图 3-21 所示。

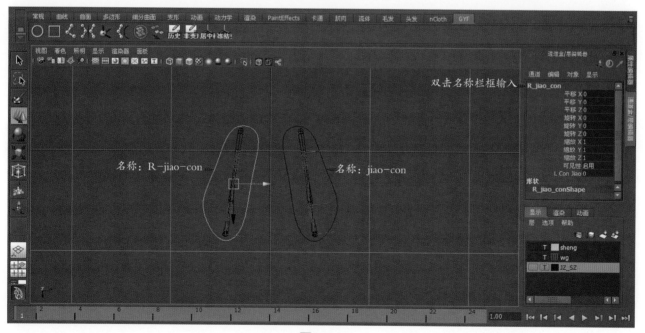

图3-21

本章学习重点：

曲线驱动控制及连接技巧。

4.1 建立膝盖文字曲线控制器

1. 为两个膝盖添加控制器

在此采用"X"文字来建立左、右膝盖控制。

操作步骤如下：

①在"创建"菜单下选择"文本"命令后面的小方框。在"文本曲线选项"对话框内的"文本"栏里输入" X"。

②点选曲线类型后再点击"创建"按钮，如图 4-1 所示。

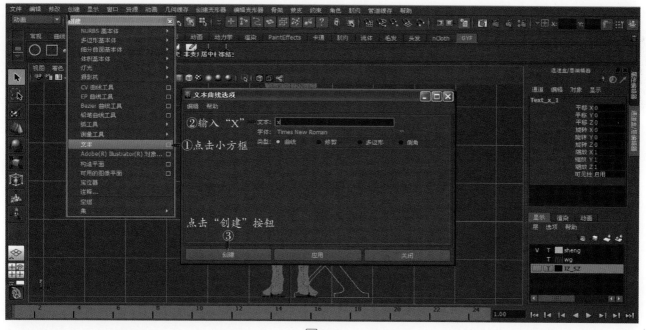

图4-1

③复制并建立好两个 X 字母后，选中该字母，按 W 键点击鼠标左键，加按 V 键向膝盖处拖曳，使其自动吸附到膝盖部位，并观察前视图和侧视图，确保文字的中心点吸附在膝盖骨骨头处，如图 4-2 所示。

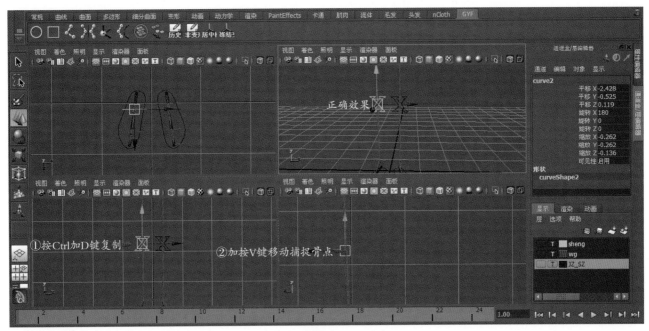

图4-2

④按 Shift 键加选两个 X 字母，在顶视图向下拖曳至身体外边位置，分别选取两个字母，点击"历史"、"冻结变换"、"居中枢轴"三个图标按钮，并观察它们的值是否为 0。具体操作如图 4-3 所示。

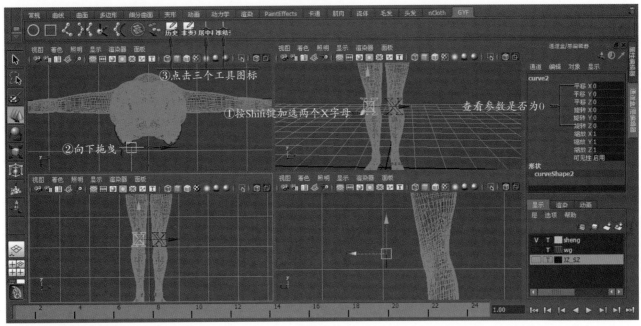

图4-3

2. 删除"组"

由于我们是以纯文字建立的曲线，而在 Maya 里文字本身被建立后，便自动生成了独立的"组"，因此我们必须在大纲视图内把多余的"组"删除掉。

删除"组"的步骤如下：①打开大纲视图。②点击左键展开 Text_x_1、Char_x_1。③点选 curve2，再按鼠标中键向下拖曳至空白处松开鼠标。④选择 Text_x_1，按 Shift 键加选 Char_x_1，按 Del 键直接删除，如图 4-4 所示。

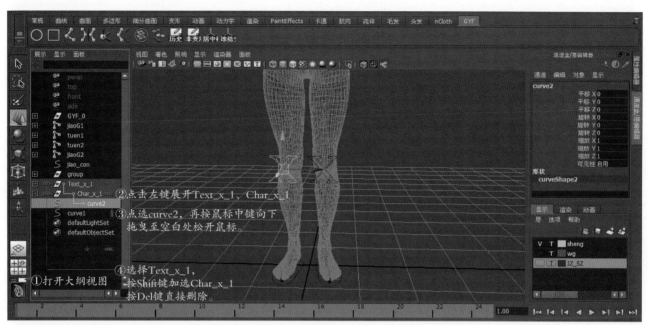

图4-4

删除"组"后，对纯文字曲线进行重新命名，左膝命名为 L_con_xi，右膝命名为 R_con_xi，如图 4-5 所示。

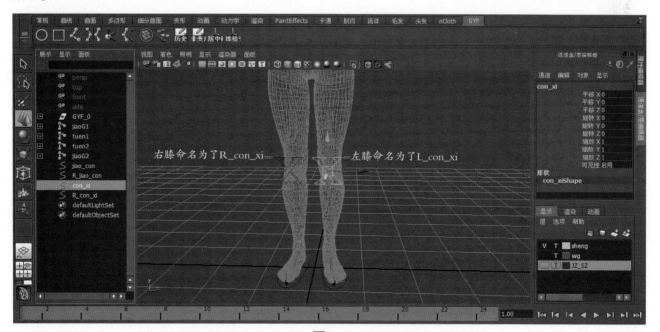

图4-5

4.2 建立IK极向量约束

极向量约束控制是将 X 曲线控制器约束到腿部。操作步骤如图 4-6、图 4-7 所示。

①点选 X 文字曲线，再按 Shift 键加选脚踝部位的 IK 柄。

②选择"约束"菜单下的"极向量"后面的小方框，弹出"极向量约束选项"对话框，再点击"应用"按钮。

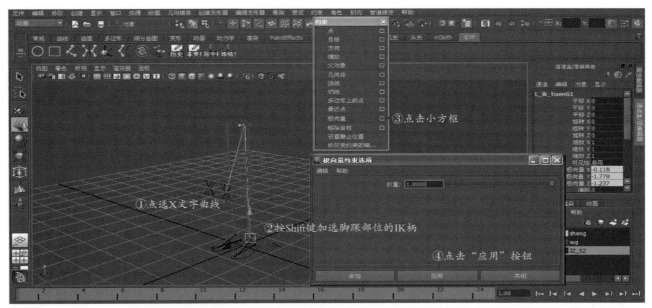

图4-6

③按 Shift 键，加选左、右"X"文字曲线。

④点击右侧通道盒的"创建新层并指定选定对象"按钮。

⑤双击图层图标，在"编辑层"对话框的"名称"栏输入"Qx_CON"，同时改变图层颜色为蓝色，再点击"保存"按钮，如图 4-7 所示。

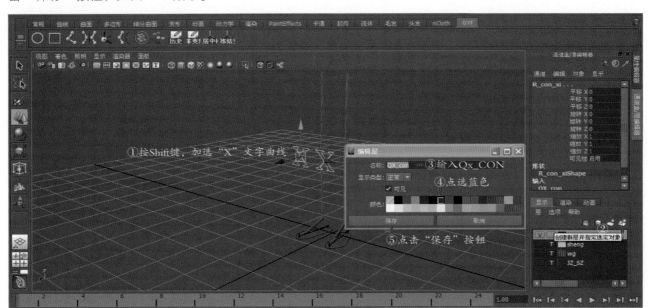

图4-7

4.3　添加"脚"的驱动控制属性

1. 设置受驱动关键帧

设置受驱动关键帧的操作步骤如下：①点选左脚曲线脚环。②点选所添加的属性名称 L_Con_Jiao。③在右侧通道盒内点击"编辑"菜单的"设置受驱动关键帧"命令。④点击"加载驱动者"按钮。具体操作步骤如图 4-8 所示。

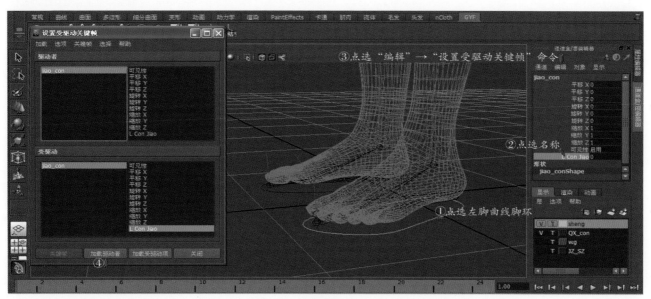

图4-8

2. 驱动设置

在"设置受驱动关键帧"对话框中设置驱动者和受驱动两种驱动形式。这里"驱动者"是指"曲线脚环"。"受驱动"是指我们建立的某段骨骼，并为该骨骼添加关键帧的动画动作，也是所有骨骼动画动作的基本形式。图 4-9 所示操作步骤为给反向骨骼"脚"添加动作设置。

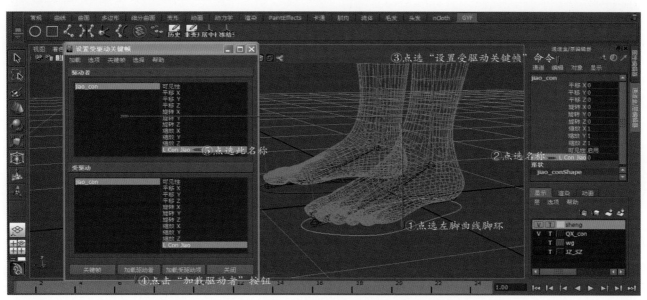

图4-9

3. 受驱动设置

在不关闭"设置受驱动关键帧"对话框的情况下，选择"脚"的反向骨骼，再点击"加载受驱动项"按钮即可添加受驱动骨骼，如图4-10所示。

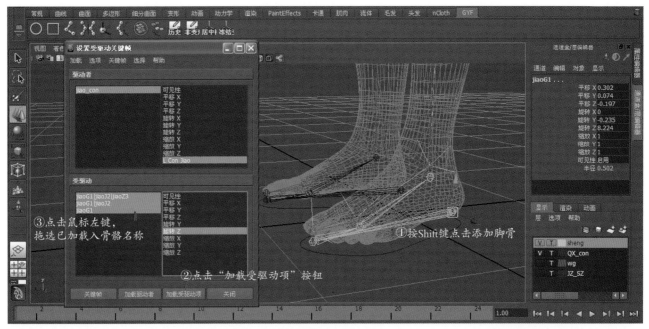

图4-10

受驱动设置步骤如图4-11所示：①在"受驱动"栏框里选择名称"jiaoG1"。②选择它的轴向为"旋转Z"。③点击"关键帧"按钮。此时通道盒的旋转轴向会产生粉红色，这证明我们添加的关键帧正确

注：选择旋转轴向的关键在于"脚骨骨骼"的坐标方向与角度。我们可以用旋转工具点选脚跟根骨，让它旋转，观察它的轴向，不得把方向搞错。

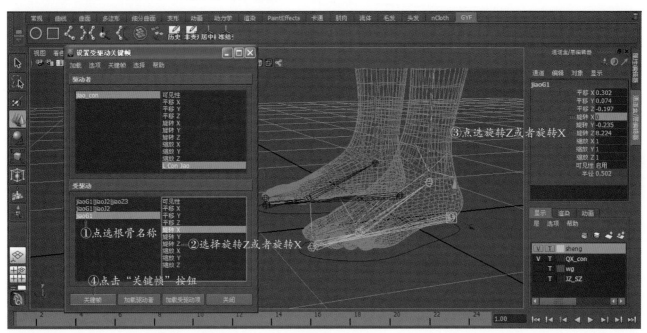

图4-11

4. 为脚骨添加值与动作

为脚骨添加值与动作的步骤如下：①点选"驱动者"曲线脚环。②在通道盒点选曲线脚环名称 L_Con_Jiao，并将它的值改为 5。③点击"关键帧"按钮，如图 4-12 所示。

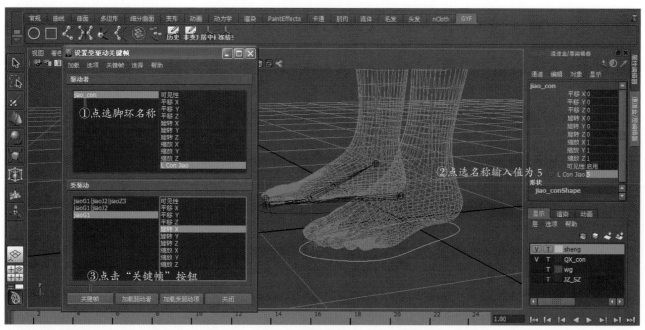

图4-12

④拖选三根脚骨名称，点选第三根骨头并选旋转 Z 轴向，在通道盒内将 jiaoZ3 的旋转值改为 13，点击"关键帧"按钮，如图 4-13 所示。

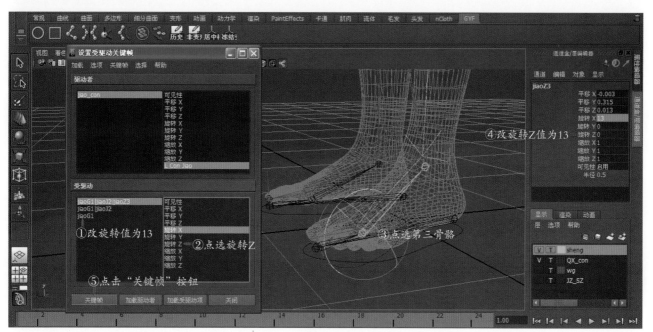

图4-13

⑤选取曲线脚环名称 jiao_con,在通道盒内将曲线脚环 L_Con_Jiao 的值改为 10,再点击"关键帧"按钮,如图 4-14 所示。

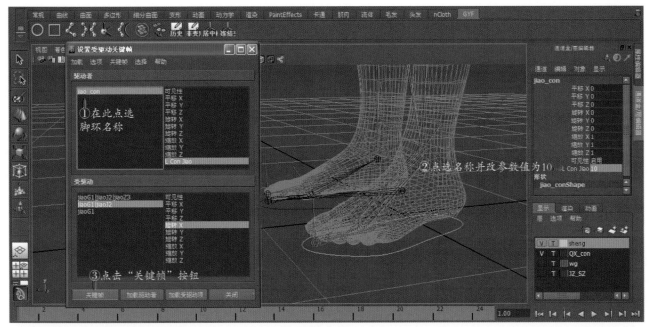

图4-14

⑥点选第二根骨骼,并选择它的旋转方向为 Z 轴向,在通道盒内将旋转 Z 轴向值改为 48,再点击"关键帧"按钮,操作步骤如图 4-15 所示。

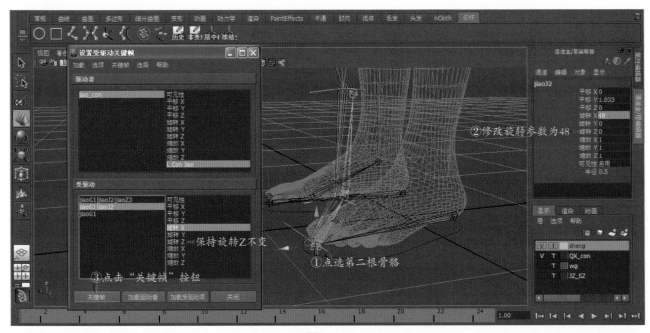

图4-15

5.3 生成 "C" 控制的方法

生成 "C" 控制的操作步骤如下：

①在工作区的 "显示" 菜单下勾选掉 "关节" 命令，即隐藏骨骼的显示。其效果如图 5-4 所示。

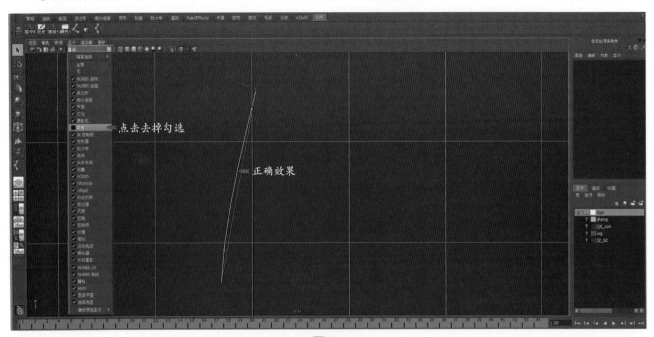

图5-4

②选择样条曲线，在 "创建变形器" 菜单下点击 "簇" 命令后面的小方块，在弹出的 "簇选项" 对话框中勾选 "相对" 模式，点击 "应用" 按钮，如图 5-5 所示。

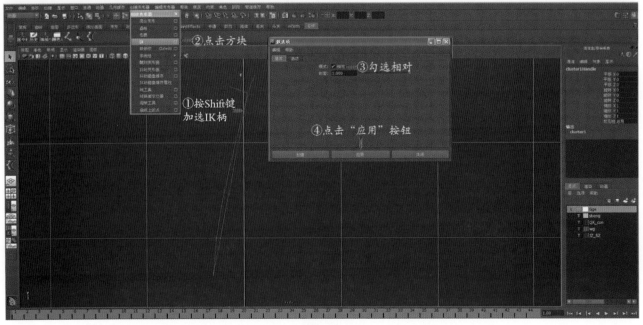

图5-5

③点选曲线后按鼠标右键，再选择控制顶点，如图5-6所示。

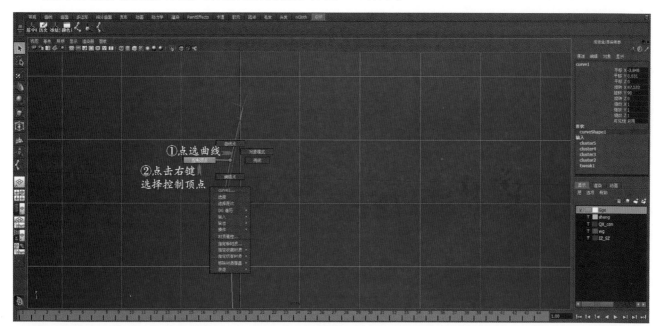

图5-6

④点选其中的一个顶点，再按Ctrl键加右键,从弹出菜单中选择"簇"命令。此时即可在样条线上生成"C"字形控制器,并分布在各顶点上,如图5-7所示。

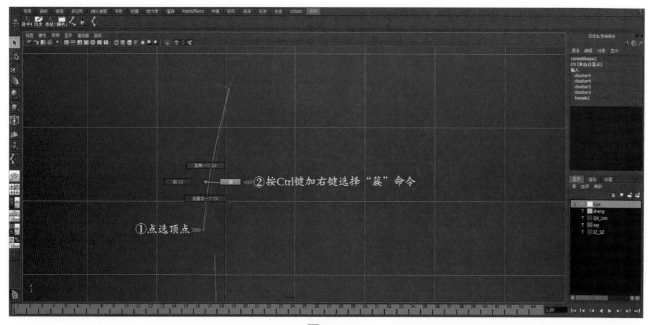

图5-7

"C" 字形控制器的生成效果如图 5-8 所示。

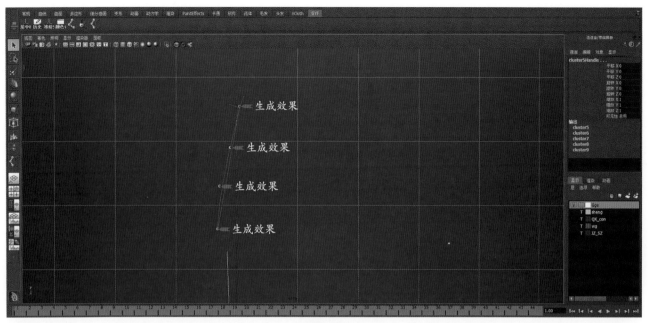

图5-8

⑤选择一个 "C" 字形控制器，再按一下 Ctrl 键加 A 键打开 "属性编辑器" 对话框，从中选择 "cluster2HandleShape" 选项卡，并在原点的第 3 栏点击左键，再点击鼠标左键加 Ctrl 键拖曳，将 "C" 字拖向身体外，如图 5-9 所示。

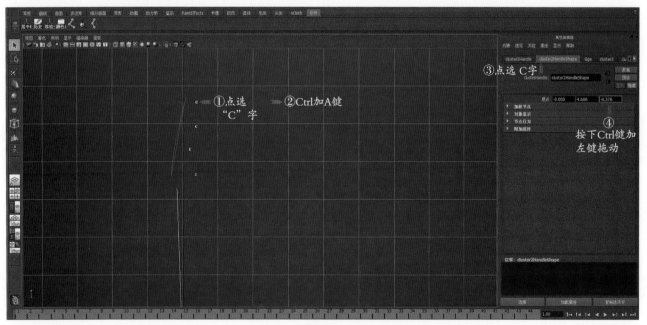

图5-9

⑥在工作区点选"C"字，打开大纲视图找到"C"字名称；双击并修改名称，按人体部位依次命名：臀部命名为 C_tuen_1，腰部命名为 C_yao_2，胸部命名为 C_xiong_3，肩部命名为 C_jian_4，如图 5-10 所示。

注：如果样条线生成长些，那么就要多命名一些，这是根据生成的"C"字来决定的。

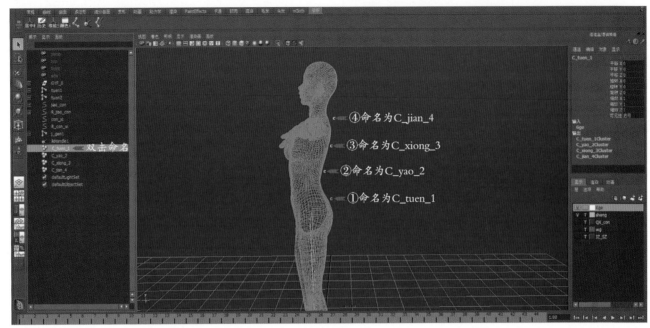

图5-10

⑦点选 IK 柄并将其命名为 IK_con_jian，点选"样条线"，并命名为 IK_curve1，按下 Shift 键依次从上向下加选 4 个"C"字并按 P 键进行绑定，如图 5-11 所示。

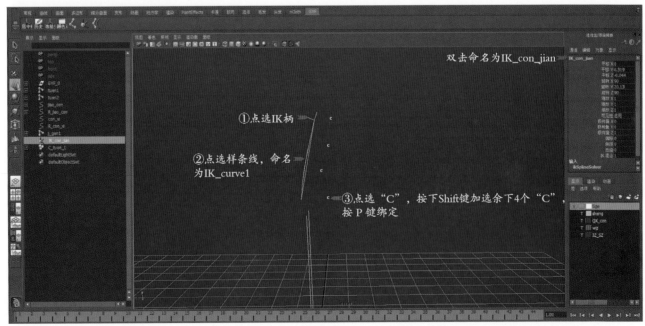

图5-11

5.4　绑定"C"与骨骼

绑定"C"与骨骼的操作步骤如下。

①还原骨骼显示后，点选人体上身根骨骨头。②按下 Shift 键加选"C"字，松开鼠标后再按 P 键即完成了绑定。此时在选择"C"字时只需要选择第一个"C"字即可，因为它们已经被绑定了，如图 5-12 所示。

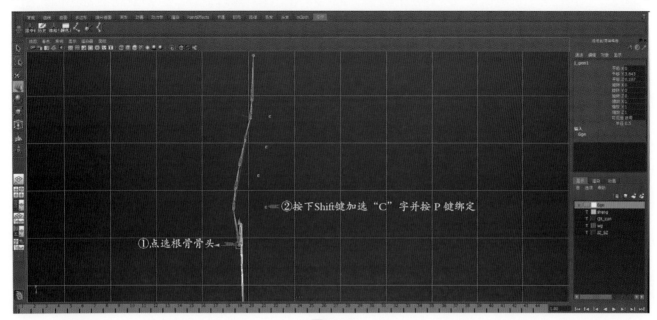

图5-12

5.5　连接腿部与上身骨骼

选择腿部骨头后，按下 Shift 键加选腰部骨头；松开鼠标后按 P 键即可添加和绑定骨骼，将腿部与上身腰部连接起来，如图 5-13 所示。

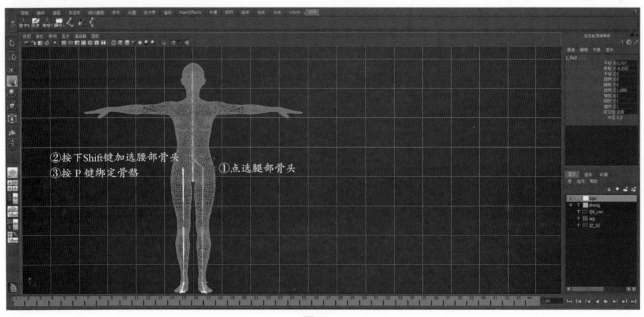

图5-13

　　当完成骨骼与骨骼之间的绑定后，就不难找到所有骨骼的根骨骨头。只要点击它并加以移动就可以观察它的影响范围是否正确，如图 5-14 所示。

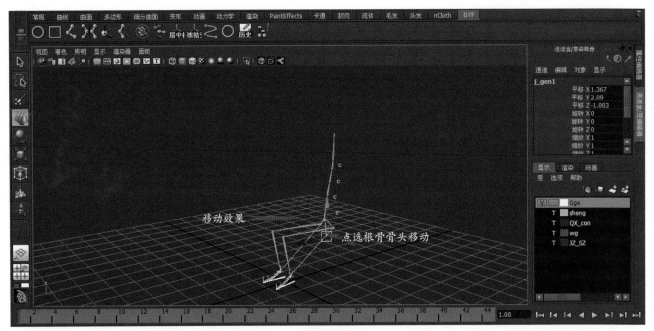

图5-14

本章学习重点：

合理布置曲线控制器，连接编辑与父子、父对象的约束绑定。

6.1 建立身体外部控制器

建立身体外部控制器的步骤如下。

①将工作区切换为四视图，选择创建多边形立方体；在顶视图点击并向上拖曳成一个立方体，尺寸为 1×1×1 即可，如图 6-1 所示。

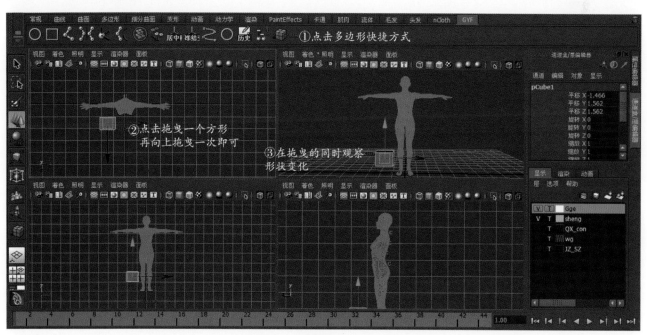

图6-1

②在多边形模型的轮廓线上绘制 CV 曲线。在绘制 CV 立方体的时候，必须先选择激活命令，这里是指将 CV 曲线赋着在物体上激活。选择"修改"菜单下的"激活"命令（点击一次即可）。如果不点击"激活"，那么曲线将绘制在平面网格上。选择"创建"菜单下的"CV 曲线工具"后面的小方框，在属性栏中选择曲线次数 1，再在建立的多边形立方体物体上按住键盘上的 V 键即可绘制出立体多边形，如图 6-2 所示。

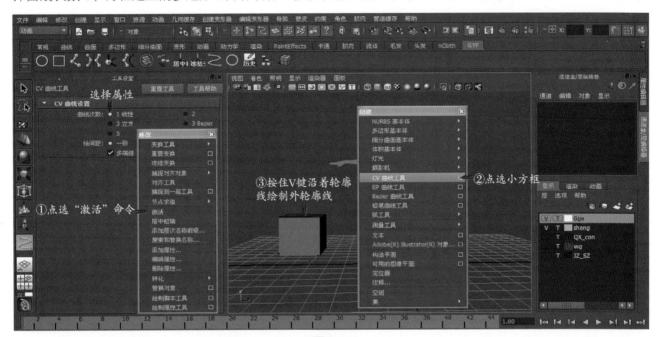

图6-2

③删除多边形模型，保留 CV 曲线框，如图 6-3 所示。

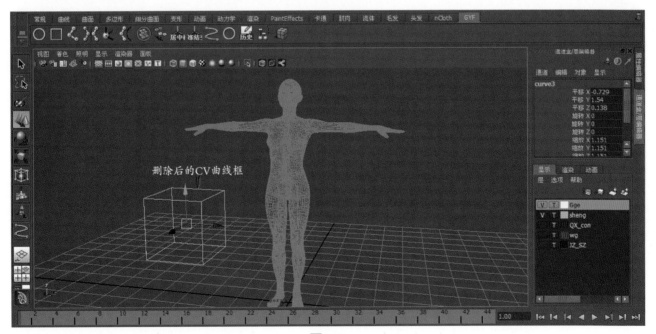

图6-3

④切换为四视图窗口，将建立好的 CV 曲线框移至人体胸部；点击鼠标右键，选择控制顶点命令，用拖曳坐标轴的方法编辑顶点，使其方框成为胸部外控制器，如图 6-4 所示。

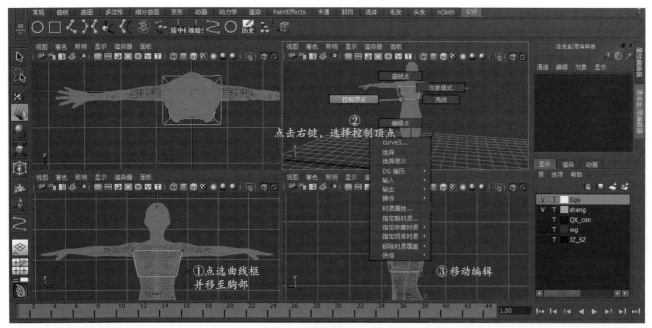

图6-4

⑤按 Ctrl 加 D 键复制一个曲线框，并分别点选两个梯形，将它们进行冻结变换、居中枢轴、删除非变形历史作为臀部外部曲线控制器。具体操作如下：点选胸部曲线框→按 Ctrl 加 D 键复制→在通道盒的缩放栏内将原 Y 轴向 1 改为 -1（即可镜像过来）→根据臀部的形状进行编辑，如图 6-5 所示。

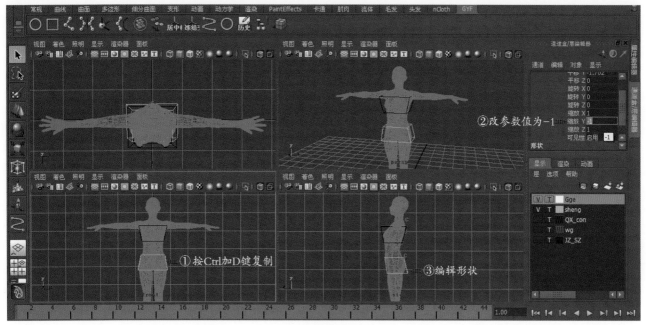

图6-5

⑥创建一个圆形 NURBS 曲线腰部控制器后，点击圆形 NURBS 曲线的快捷命令，在前视图将它向上移动至腰部，用缩放工具调整它的大小，如图 6-6 所示。

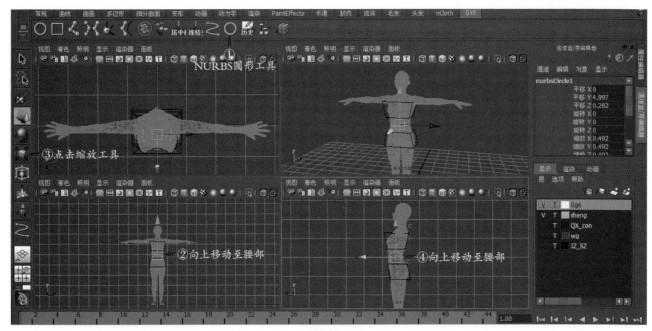

图6-6

⑦再用 Ctrl 加 D 键复制一个 NURBS 曲线圆环，把它放置在臀部节点处，再点击缩放工具将它放大至臀部外围，如图 6-7 所示。

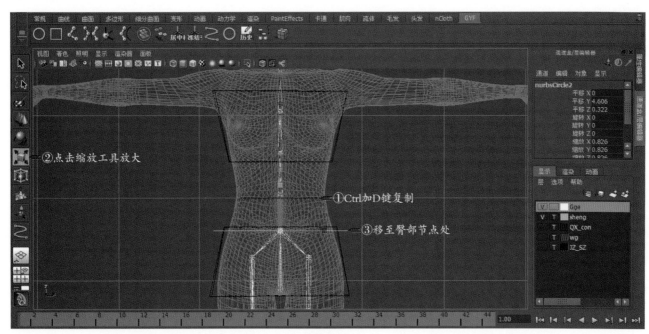

图6-7

⑧选择曲面模块后，在工作区点选 NURBS 曲线圆环，在"编辑曲线"菜单下选择"重建曲线"命令，在弹出的"重建曲线选项"中将跨度数改为 16；再点击"重建"按钮，此时原来的 NURBS 的顶点将变成 16 个顶点，如图 6-8 所示。

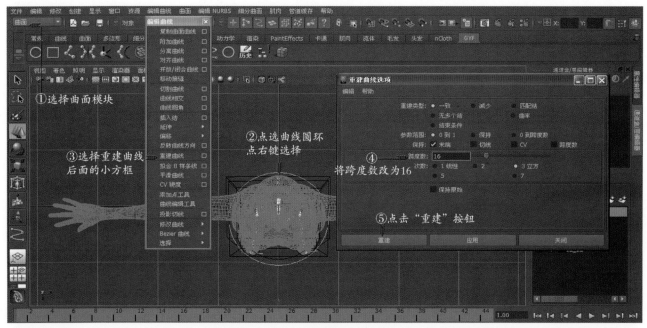

图6-8

⑨按下 Shift 键，每隔一个顶点就选择一个顶点，再用缩放工具轻轻拖动，原来的造型就会改变成波浪形图形，如图 6-9 所示。进行本步骤操作的目的是方便区分各部位的控制曲线。

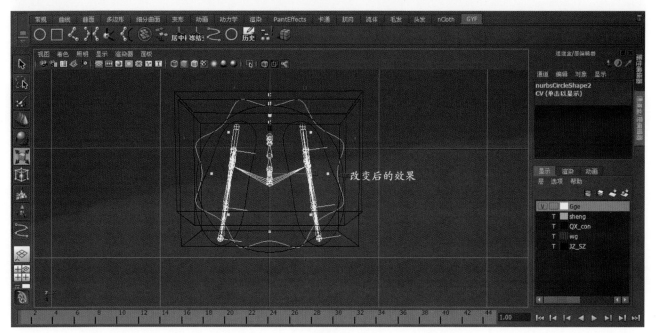

图6-9

⑩点击"历史"、"居中枢轴"、"冻结变换"三个快捷图标（在点击它们之前，先选择被执行的控制器曲线），并观察通道盒内的参数是否还原为 0 和 1，如图 6-10 所示。

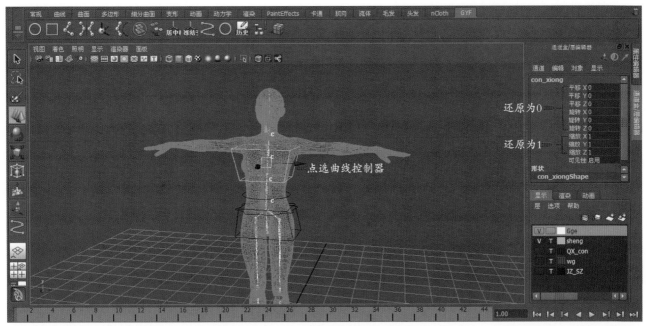

图6-10

⑪为身体外部控制器命名：胸部控制器命名为 con_xiong，腰部控制器命名为 con_yao，腰部节点命名为 con_fu，臀部控制器命名为 con_tuen，如图 6-11 所示。

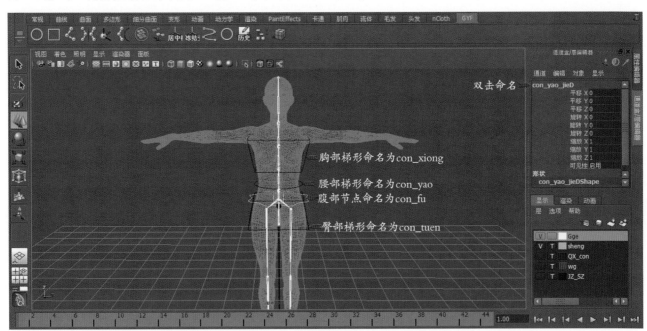

图6-11

6.2 建立颈部外曲线控制器

1. 绘制领结式颈部控制器

步骤如下：

①将视图切换到侧视图，点击 CV 曲线快捷图标，绘制领结式 CV 曲线控制器，并将领结控制器命名为 con_jin，如图 6-12 所示。

注：绑定之前，按 Insert 键，把梯形控制器的中枢轴对齐根骨骼。

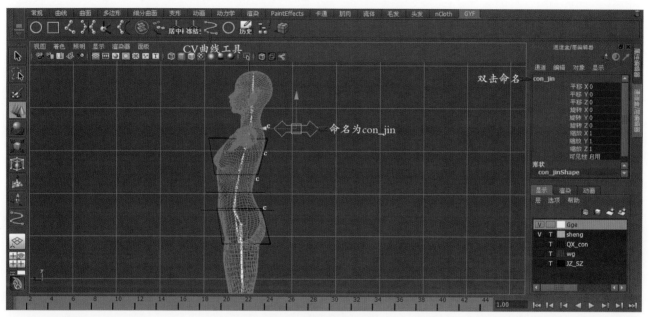

图6-12

②按下 Shift 键，加选所有 CV 曲线控制器，把它们放置在一个图层内，并将该图层命名为 con_qux，如图 6-13 所示。

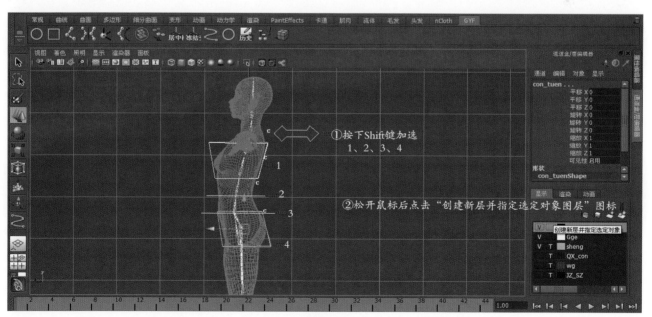

图6-13

2. 建立控制器与骨点的约束

步骤如下:

①点选领结曲线控制器。②按 Shift 加选 "C" 字。③在 "约束" 菜单下选择 "点" 后面的小方框。④在弹出的 "点约束选项" 对话框中勾选 "保持偏移"。⑤点击 "应用" 按钮,如图 6-14 所示。

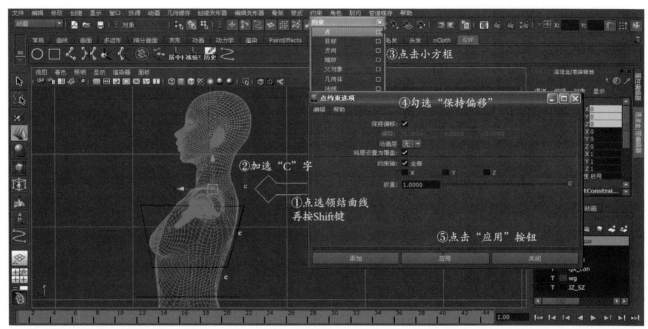

图6-14

约束与被约束关系如图 6-15 所示。

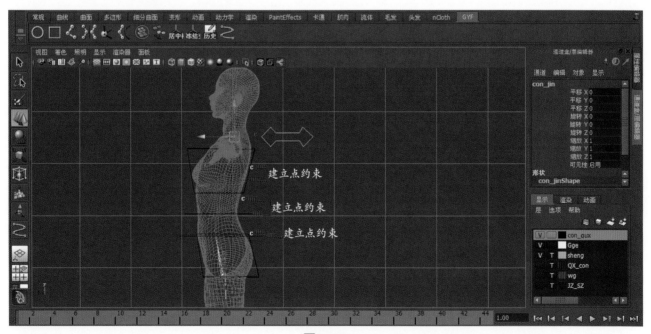

图6-15

3. 建立父子约束绑定

基本方法是：首先选择子级，再选择父级，最后按"P"键。

在这里，我们要将身体的其他控制器绑定到臀部控制器上。因为臀部是身体动作的中枢，只要臀部移动身体也会跟随移动，它是自然存在的基本行为，也是动画基本元素之一，如图6-16所示。

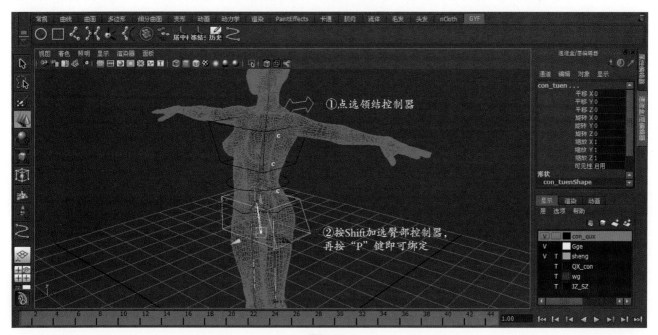

图6-16

选择胸部曲线区域，按Shift键加选腰部、腰部节点，最后选择臀部控制器，松开鼠标按键再按"P"键绑定，如图6-17所示。

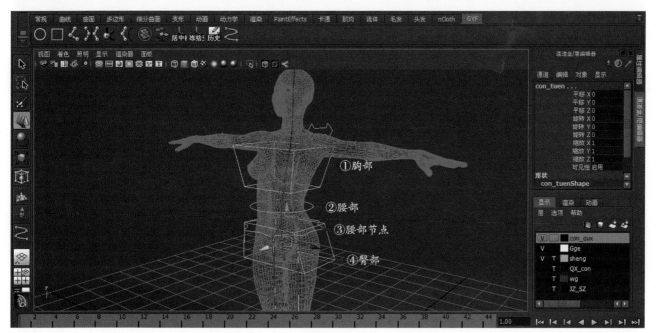

图6-17

接下来就要将以上被绑定的所有控制器绑定在根骨头上，采用的约束命令为"父对象"约束。其选择顺序和点约束的一样，首先选择被绑定对象，如图6-18所示。

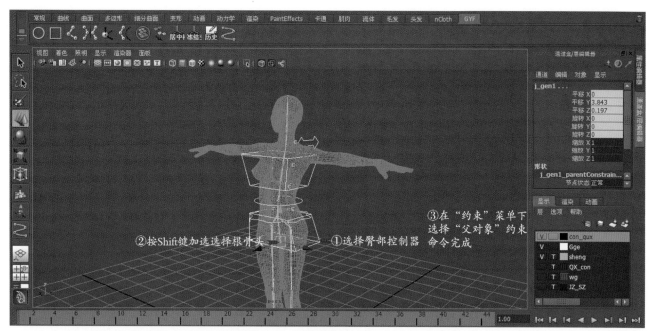

图6-18

点选臀部控制器并拖动居中枢轴即可观看完成的绑定效果，如图6-19所示。如果有一个部分或者某个点不跟随运动，那么证明绑定有错误，要加以修改。

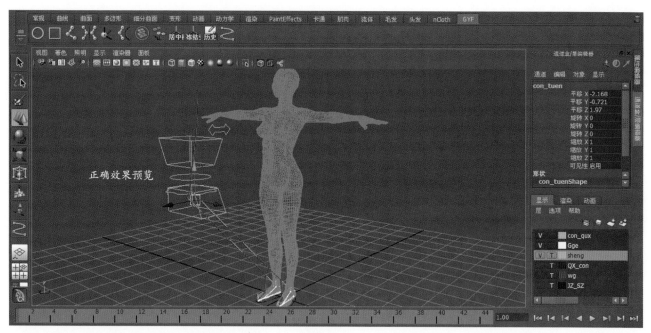

图6-19

4. 插入骨骼

颈部与头部的控制相对较复杂，根据模特需要，要在颈部插入一根骨骼才能控制颈部的运动，至此颈部与头部就由原来的两根骨骼变为三根，同时也要为插入骨骼重新命名，如图6-20所示。

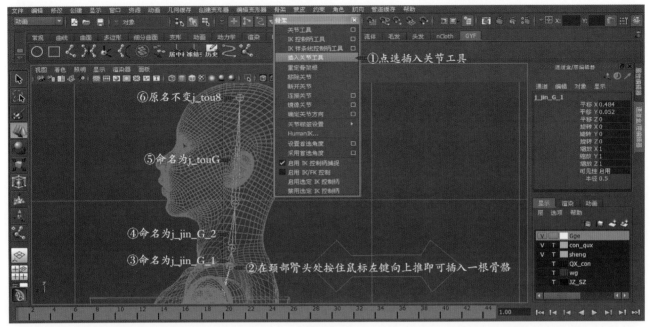

图6-20

5. 为颈部添加IK控制器

其操作步骤如图6-21所示。①在"骨架"菜单下选择"IK控制柄工具"后面的小方框。②在弹出的"IK控制柄设置"中将"当前解算器"栏中的代码改为ikRPsolver。③在颈部骨骼与头部骨骼处点击，进行第一次链接。④在颈部骨头处点击，进行第二次链接。

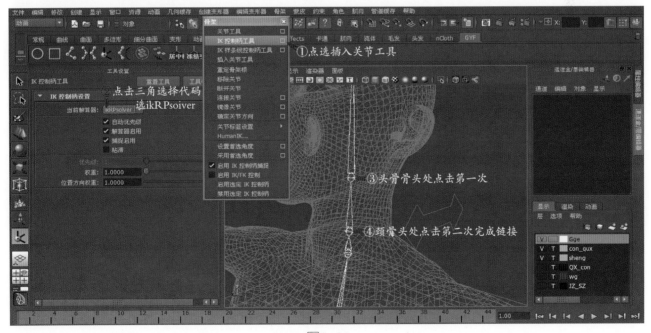

图6-21

给新建立的"IK 柄"命名为 ik_jinG，如图 6-22 所示。

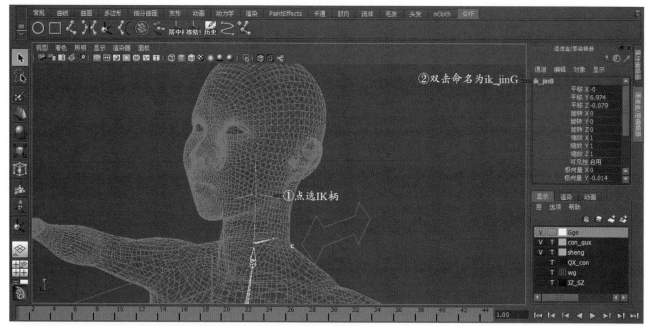

图6-22

6.3　建立曲线圆环颈部控制器

1. 为头部建立一个 NURBS 曲线圆环控制器

①点击 NURBS 曲线圆环快捷图标。②在前视图向上移动曲线至颈部并用缩放工具调整它的大小。③为它命名为 con_tou，如图 6-23 所示。

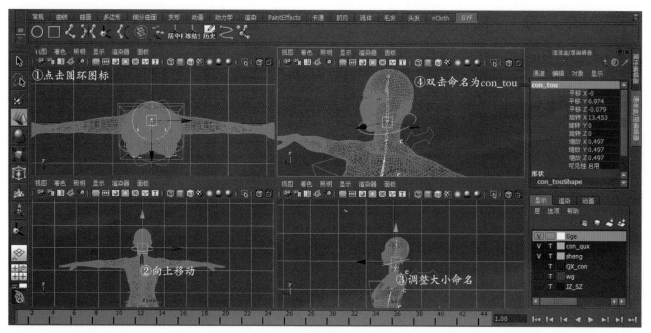

图6-23

2. 为头部建立约束

①点选曲线圆环。②点击"居中枢轴"、"冻结变换"、"历史"按钮还原归零。③按下 Shift 键加选新建的颈部 IK 柄。④选择"约束"菜单下的"点"约束命令，即完成点约束，如图 6-24 所示。

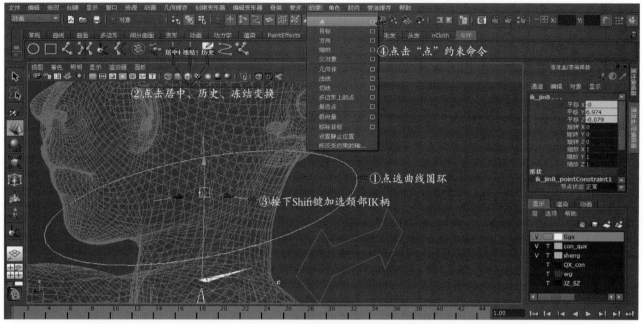

图6-24

3. 为头骨建立方向约束

点击曲线圆环，按下 Shift 键加选头骨，在"约束"菜单下选择"方向"命令，即对头骨骨骼建立了方向控制约束关系，如图 6-25 所示。

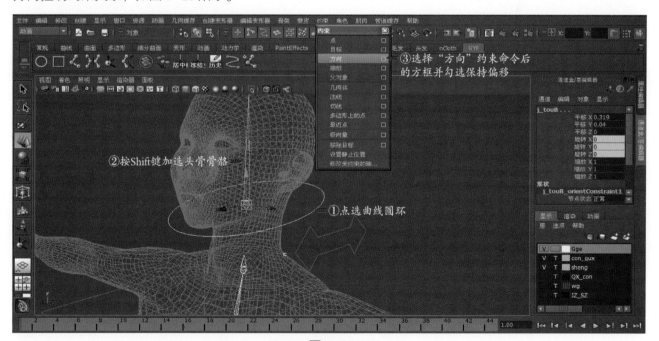

图6-25

把头部曲线圆环控制器和领结控制器绑定起来，这样头部控制器就和我们的身体控制器全部绑定到一起了，如图6-26所示。

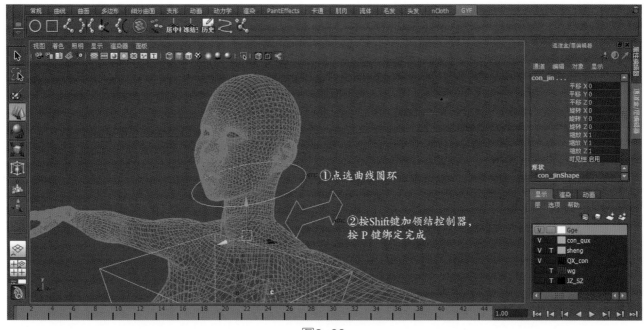

图6-26

6.4 使用连接编辑器实现链接

点选胸部控制器，在"窗口"菜单下选择"常规编辑器"下的"连接编辑器"命令，就会弹出"连接编辑器"对话框，其左侧为"输出"，右侧为"输入"，也就是说，我们要将左侧的胸部控制器的连接点连接到右侧的指定连接点，如图6-27所示。

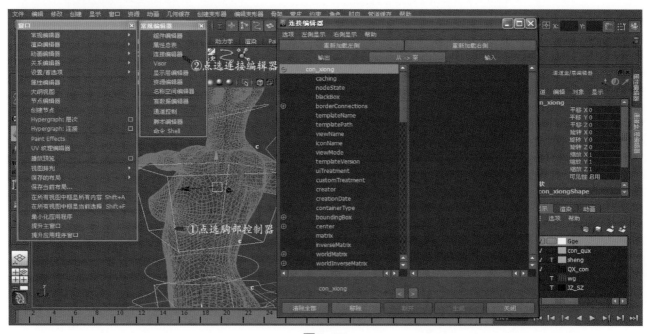

图6-27

　　点选颈部 IK 柄后点击"重新加载右侧"按钮，IK 柄的所有信息就被载入到右侧的连接编辑器，如图 6-28 所示。

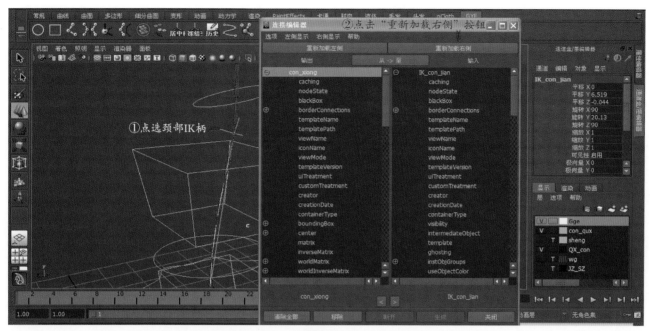

图6-28

　　在"连接编辑器"对话框的右侧找到胸部控制器代码"rotate"下的"rotate Y"中枢轴并点击，再到左侧找到 IK 柄的扭曲代码"twist"并点击，这时代码字体会变成斜体，同时通道最下方的 IK 信息"扭曲"栏会变成浅黄色，表明连接成功。此时可以关闭"连接编辑器"对话框，再点选胸部控制器，用旋转工具旋转即可以观看到 IK 柄与颈部骨骼的旋转效果，如图 6-29 所示。

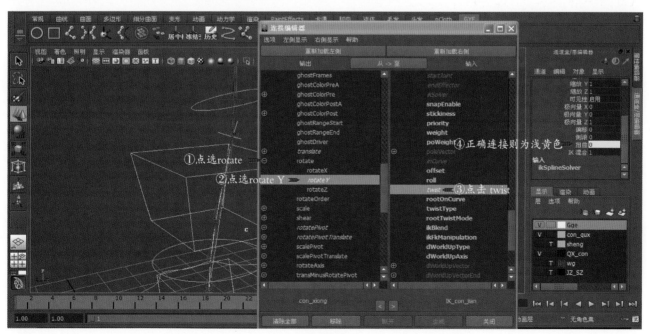

图6-29

本章学习重点：

控制手臂运动与 IK 连接，骨骼镜像。

7.1　建立臂膀骨骼和添加IK控制连接

1. 建立臂膀骨骼

①在 "骨架" 菜单下选择 "关节工具" 命令并保持默认设置。②在前视图的颈部右边点击,建立第一根骨点。③在肩部点击，建立第二根骨头。④依次点击，建立鹰嘴骨、尺骨、桡骨、腕骨头。⑤在顶视图按 Ins 键，调整骨头的位置，如图 7-1 所示。

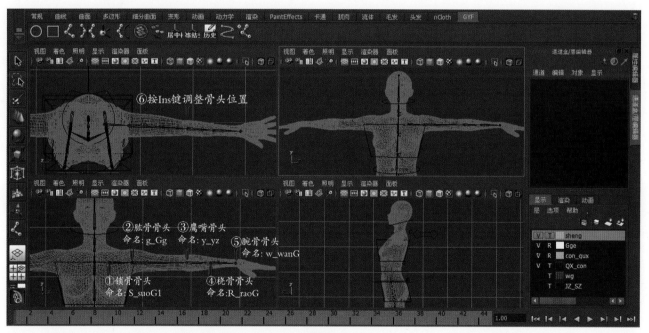

图7-1

2. 为肩部骨骼添加 IK 控制连接

①在 "骨架" 菜单下选择 "IK 控制柄工具" 命令后面的小方框，在弹出的 "IK 控制柄工具设置"（当前解算器）栏里将代码改为 "ikRpsolver"。②在锁骨的第一骨点、第二骨点点击，即建立第一根 IK 控制线。③再次点击 IK 控制柄工具，继续从第二骨点到桡骨骨点点击，即建立第二根 IK 控制线，如图 7-2 所示。

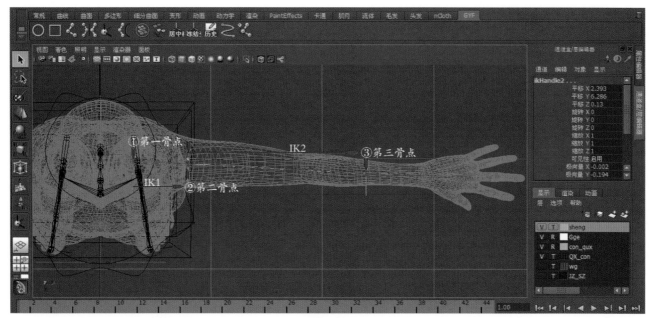

图7-2

7.2 输出和输入连接

输出和输入连接是一种特殊的转移IK连接的方式,其效果是使被转移的骨点处保持原有状态不能弯曲但可以扭曲,因为我们建立连接的是"扭曲"选项。

操作方法如下:①在"窗口"菜单下选择"Hypergraph:层次"命令(输入输出)。②在"Hypergraph输入输出1"编辑器里点击"输入和输出"按钮,在点击它之前要点选桡骨处的IK柄。③点击"输入和输出"按钮后,再点选"effector12"连接输出按钮。④按一下Insert键,将IK柄移至腕骨处,再按Insert键即结束连接输出,如图7-3所示。

图7-3

给 IK 柄连接命名：选择肩部 IK 柄，命名为 L_ik_jian；腕骨处命名为 L_ik_shouW，如图 7-4 所示。

注：命什么名并不重要，关键是名称便于我们区分关系。

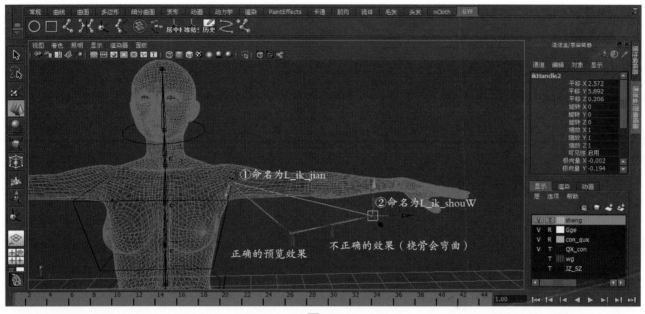

图7-4

7.3 输出和输入连接与控制器

1. 建立肱骨骨头的控制器

在这里我们采用"G"字来实现，步骤如下：

①在"创建"菜单下选择"文本"后面的小方框。②在弹出的"文本曲线选项"对话框的"文本"栏内输入"G"，再点击"创建"按钮即可看到工作区前视图的"G"字，如图 7-5 所示。

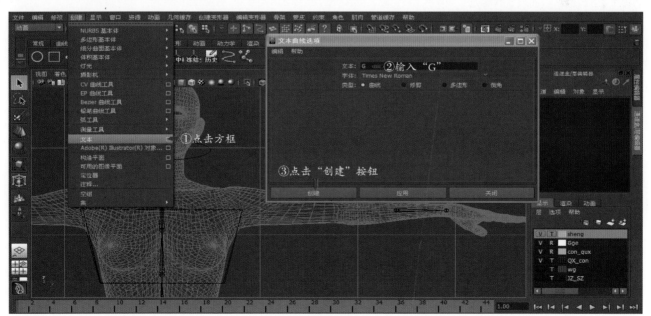

图7-5

③将"G"上移至肩部肱骨骨头处，用缩放工具调整其大小。

④打开大纲视图，找到文字组。在 Maya 软件里，文字都以组包裹曲线文字的方式存在，因此在大纲视图中要将它们分开并删除组保留曲线文字，如图 7-6 所示。

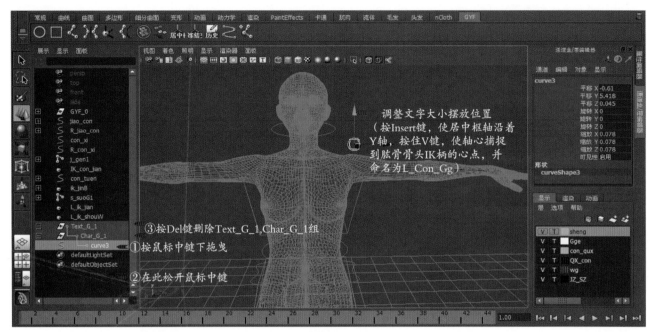

图7-6

创建方形手腕控制器的方法和建立胸部控制器的方法相同，都是首先采用 NURBS 曲线工具来创建，并将中心轴点与腕骨骨头对齐，然后命名并进行冻结变换和清除历史，如图 7-7 所示。

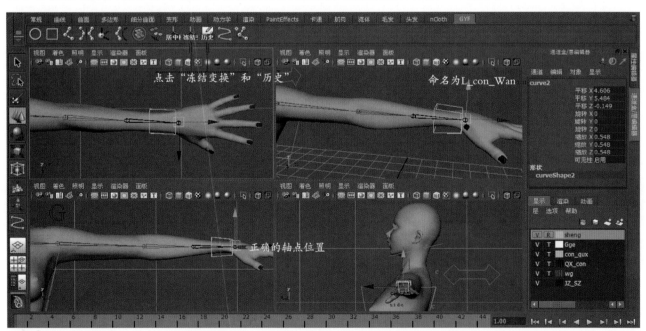

图7-7

2. 建立手指骨骼

具体步骤如下。①在顶视图按模型手手指的骨点处依次点击，建立手指骨骼，是三段四头。②由于是在顶视图建立的骨骼，因此它在水平方向上，这需要我们在前视图将它向上移动至手指的中心。③按 Ins 键，不断调整骨骼的位置，直至在透视图和侧视图看不到骨骼为止，如图 7-8 所示。

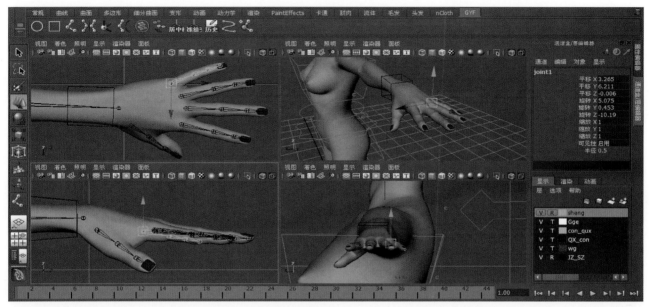

图7-8

3. 连接手指骨骼

在连接手指与腕骨时，首先要将工作区的 IK 柄显示隐藏起来，这样就很容易点选到腕骨，否则选择的可能是 IK 柄，就不能被连接。

操作方法如下：①点选手指骨骼。②按下 Shift 键，点选手腕骨骼。③松开 Shift 键，再按一下 P 键即建立连接，如图 7-9 所示。

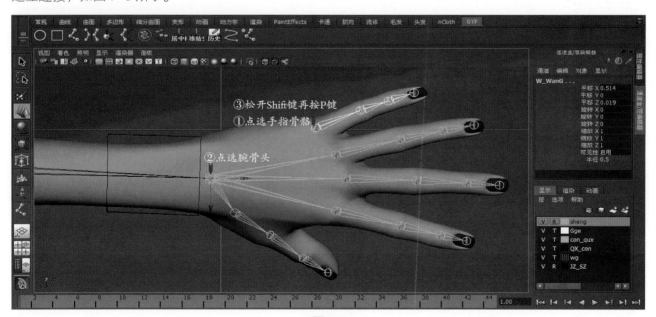

图7-9

7.4 手指旋转坐标方向的调整

1. 手指旋转坐标的调整

①点选手腕骨骼。②点选"按组件类型选择"按钮和"选择杂项组件（？）"按钮，如图 7-10 所示。

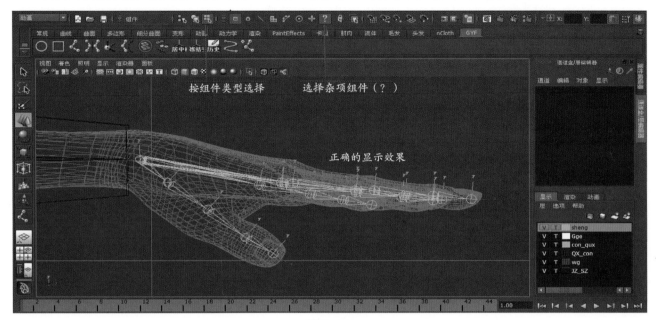

图7-10

2. 调整手指的旋转方向

①点选"按对象类型选择"按钮。②按 Shift 键加选某个手指骨骼（一段一段选择）。③在"骨架"菜单下选择"确定关节方向"后面的小方框。④在"确定关节方向选项"的"编辑"菜单下选择"重置设置"命令，再点击"切换局部轴可见性"按钮。⑤点击"应用"按钮，如图 7-11 所示。

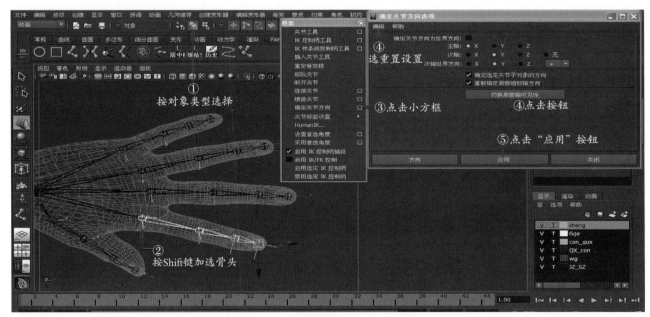

图7-11

3. 调整最后一个骨头

在加选骨骼时，最后一个骨头往往没有被选上，因此在执行应用时也没有起到调整作用，所以我们调整每一根指骨时，都需要单独调整最后一个骨头。

操作方法如下：①点击最后一个骨头。②选择"确定关节方向为世界方向"并勾选此项，再点击"应用"按钮。这样就完成了一根手指的坐标轴向调整，如图7-12所示。

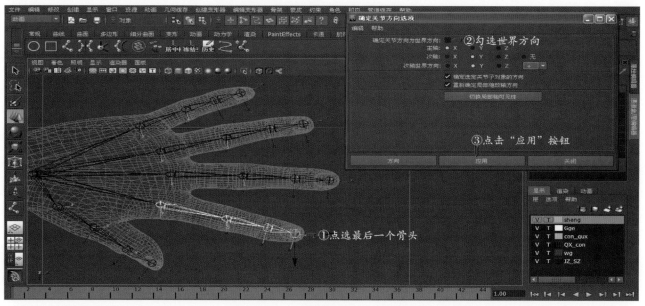

图7-12

完成5根手指的坐标轴方向的调整后，再点选腕骨骨骼，观察其坐标轴向是否正确。正确的坐标轴向效果如图7-13所示。

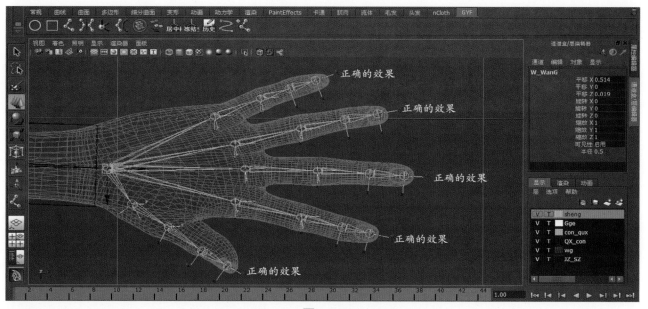

图7-13

4. 给手指命名

手指骨骼较为复杂，在此我们通过在"修改"菜单下选择"搜索和替换名称…"命令来完成命名。

①在弹出的"搜索替换选项"的"搜索"栏内输入 Maya 默认的名称"joint",在"替换为"栏内输入"L_XZ_"。②点击"替换"按钮,如图 7-14 所示。

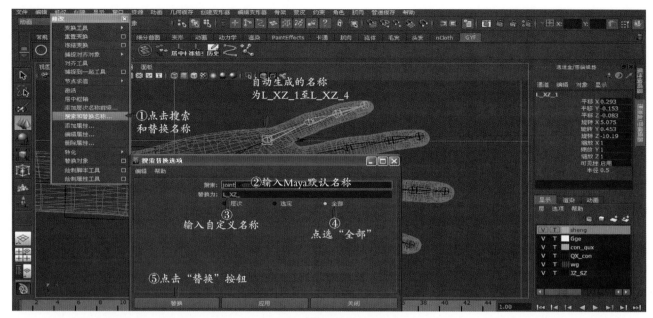

图 7-14

7.5 连接臂膀与镜像骨骼

1. 臂膀骨骼的连接

与腿部骨骼的连接方式相同:①点选肩部骨骼。②按下 Shift 键加选锁骨。③松开鼠标按键再按 P 键,如图 7-15 所示。

注:先镜像关节之后再绑定头部骨骼。

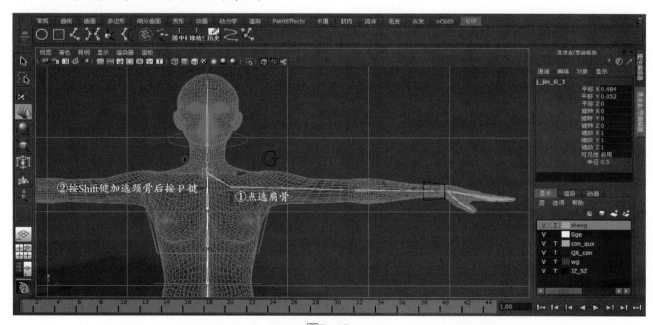

图 7-15

2. 镜像

我们将左边已经建立完成的臂膀骨骼用"镜像关节"命令来完成镜像。

①在"骨架"菜单下选择"镜像关节"后面的小方框。②点选锁骨。③在"镜像关节选项"对话框的"搜索"栏内输入"L"（左）、在"替换"栏内输入"R"（右）。④点选"YZ"和"方向"选项。⑤点击"镜像"按钮，如图7-16所示。

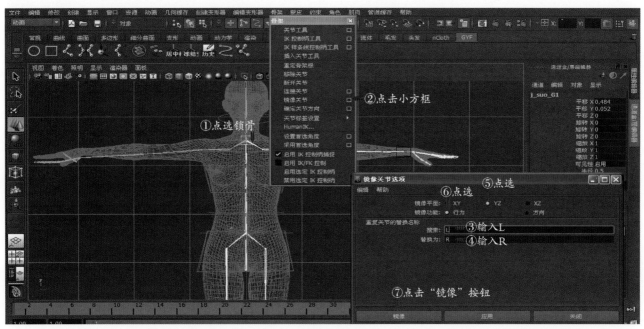

图7-16

骨骼在镜像后难免有些变化，需要我们重新调整、命名和编辑IK的连接等，如图7-17所示。

注：在透视图或前视图进行调整时，如果不镜像IK连接，则不需要调整，但是需要重新连接IK。

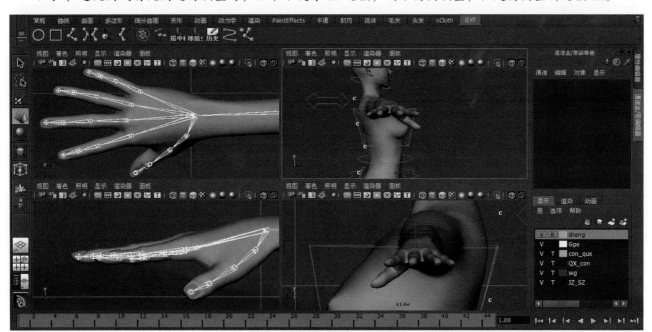

图7-17

7.6　建立臂膀曲线控制器

建立曲线控制器的方法和建立腿部控制器的方法基本相同。所不同的是骨骼的位置不同即名称不同，我们建立的是肘部鹰嘴处的曲线控制器，所以用"Y"来做控制器，如图 7-18 所示。

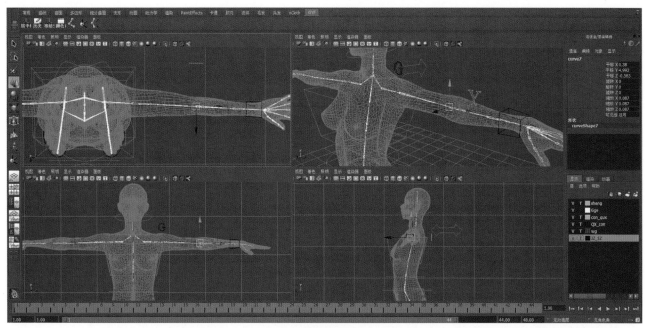

图7-18

在"创建"菜单下选择文本后面的小方框，在弹出的"文本曲线选项"对话框的"文本"栏内输入"Y"，再点击"创建"按钮。在前视图向上拖动"Y"至肘部鹰嘴处对齐桡骨骨头，打开大纲视图删除文本"组"，并将曲线文字命名为 L_con_yinZ，如图 7-19 所示。

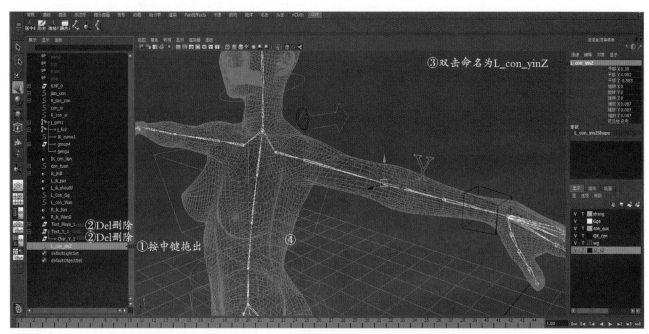

图7-19

在顶视图将曲线文字"Y"沿 Z 轴拖曳到鹰嘴处。选中中枢坐标轴按 Insert 键，再按 V 键对齐鹰嘴骨头，对齐后，将 Y、G 手腕处的曲线方框通过按 Ctrl 加 D 键复制并镜像至右臂，如图 7-20 所示。

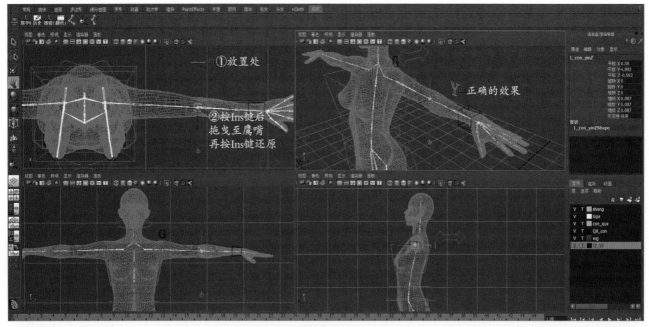

图7-20

由左向右复制 G、Y 曲线方框。对齐曲线控制器操作完成后，还要将它们重新命名及中枢轴向转移对齐，并将它们进行历史、冻结变换。

注：复制方框后将方框移至右边手腕处，再到"通道"对话框的"缩放"栏内输入 -1 即可镜像过来，如图 7-21 所示。

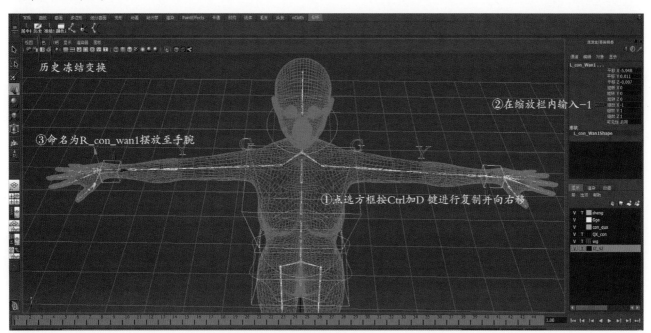

图7-21

7.7 臂膀曲线控制器与约束

1. 建立约束

①点选"G",按下 Shift 键加选肩部控制 IK 柄。②在"约束"菜单下选择"点"后面的小方框。③点击"添加"按钮,完成约束。④对"Y"进行"极向量"约束,同时对手腕曲线方框进行"点约束",如图 7-22 所示。

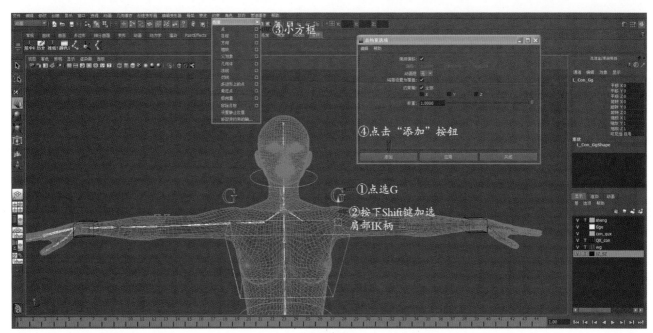

图7-22

2. "Y"字约束

它使用的是"极向量"约束方法,IK 柄为手腕 IK 柄,具体操作步骤如图 7-23 所示。

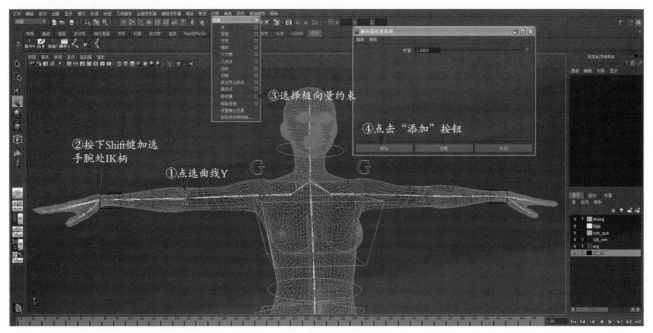

图7-23

3. 方框曲线约束

方框曲线约束和"G"字曲线约束一样，是"点"约束，具体步骤如图7-24所示。

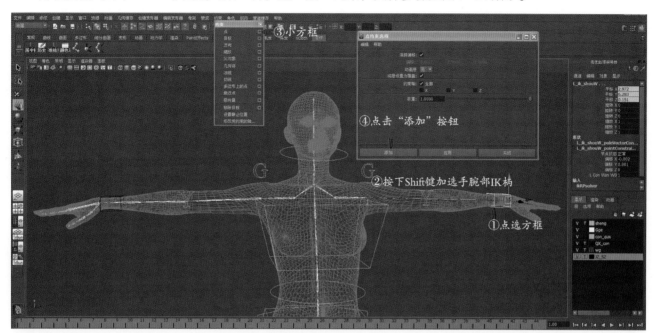

图7-24

完成约束后，将还没有绑定的手腕曲线方框和"Y"字控制器绑定在领结控制器上，这样我们建立的身体控制器都进入到一个图层，颜色也会随之相同，如图7-25所示。

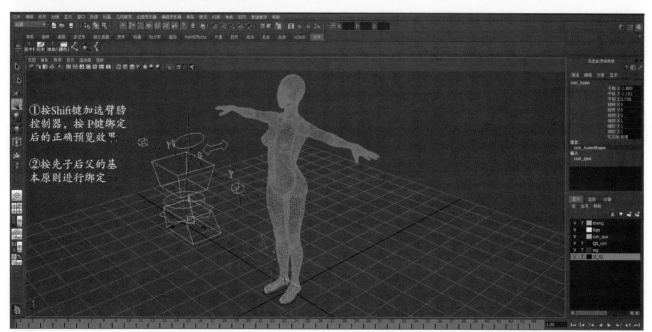

图7-25

7.8 手指动作驱动与臂膀控制

手指与臂膀控制是通过一个 NURBS 曲线圆环来实现的，步骤如下。

①点击"工具架"选择 GYF 选项内的圆环图标，即可生成曲线圆环，并把它放在手腕的 IK 柄及关键处对齐。②按 Ctrl 加 D 键复制 5 个圆环，分别放置到肘部鹰嘴处、肩部肱骨骨头处。③给曲线圆环命名：手腕为 L_con_shou、鹰嘴为 L_con_yin、肩部为 L_con_jian，如图 7-26 所示。在这里，把左手用"L"代替，右手用"R"代替。

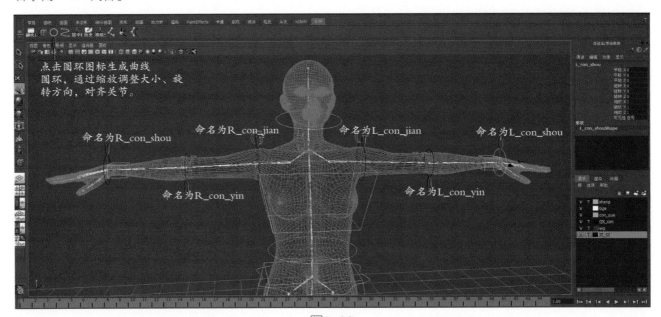

图7-26

进行方向约束的步骤如图 7-27 所示。

①点选曲线圆环。②按下 Shift 键加选"手"骨骼。③在"约束"菜单下选择"方向"后面的小方框。④在弹出的"方向约束选项"中勾选"保持偏移"。⑤点击"添加"按钮。

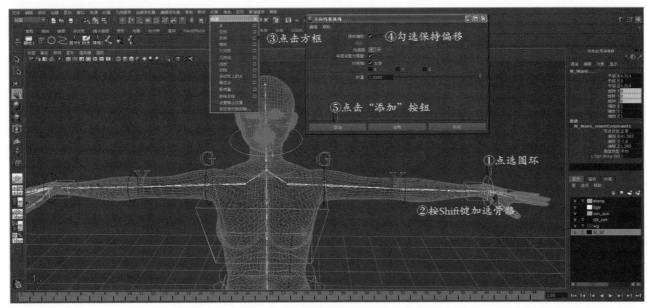

图7-27

将手腕方框与曲线圆环进行点约束时，因曲线方框已经约束在 IK 柄上，所以只需要将曲线圆环点约束在曲线方框上，这样它就可以跟随曲线方框的运动了，如图 7-28 所示。

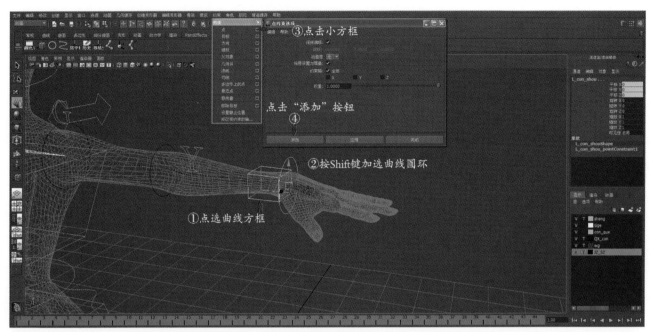

图7-28

点选曲线方框，拖曳左边轴预览移动效果，其效果如图 7-29 所示。

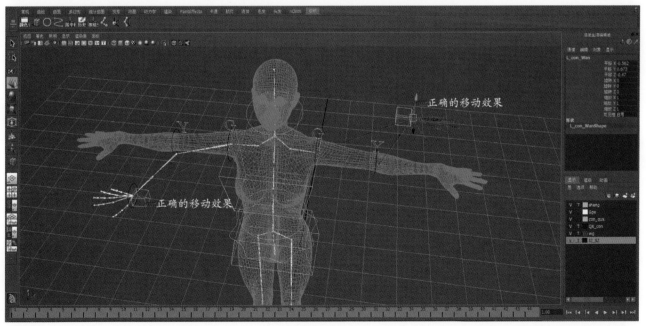

图7-29

第8章

函数表达式、手指运动及关键帧驱动

本章学习重点：

手臂运动控制及其动作关系，手指运动、关键帧驱动。

8.1 函数表达式编辑与设计

1. 表达式编辑

①给桡骨重新命名，并通过表达式来达到控制目的，给左臂桡骨命名为 L_rg，给右臂桡骨命名为 R_rg。②由于桡骨控制器在曲线圆环的作用下得到控制，因此曲线圆环也要重新命名，其名字越简单越好，便于我们写表达式。③给左手命名为 L_W，给右手命名为 R_W，如图 8-1 所示。重新命名主要是为了我们输入代码时方便识别。

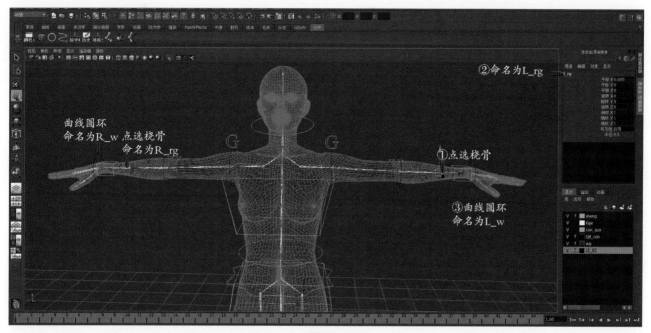

图8-1

2. 编写表达式

①点击桡骨骨骼。②在通道盒点选旋转 X0。③在"编辑"菜单下选择"表达式"命令，在弹出的"表达式编辑器"对话框中选定对象和属性名称（r_rg.rotateX），按鼠标中键把它拖曳到表达式栏中进行编写。④编写表达式："r_rg.rotatex=R_W. rX *0.3；"。⑤点击"编辑"按钮。操作步骤如图 8-2 所示。

图8-2

8.2 编辑手指动作驱动及属性

为手添加动作及动作驱动关键帧、编辑属性的步骤如下。

①在编辑制作前建立属性名称，在这里我们把左手属性命名为 L_shou，右手属性命名为 R_shou。②点选左手或者右手曲线圆环控制器。③在"通道盒"、"编辑"菜单下的"添加属性"对话框的"名称"栏里输入 L_shou。④点击"添加"按钮。具体操作步骤如图 8-3 所示。

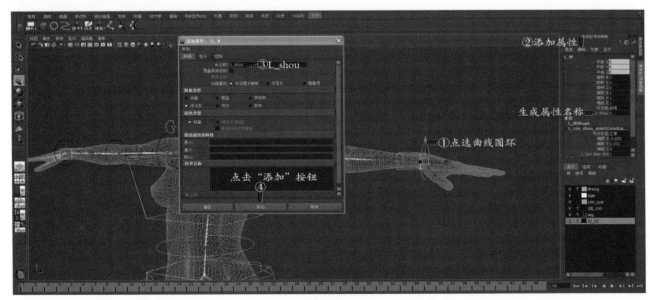

图8-3

　　⑤为曲线圆环、手指动作属性赋值。在通道盒的"编辑"菜单下选择"编辑属性"命令,并在"编辑属性"对话框的"最小值"栏里输入 −10,在"最大值"栏里输入 10,回车后关闭属性模块,如图 8-4 所示。

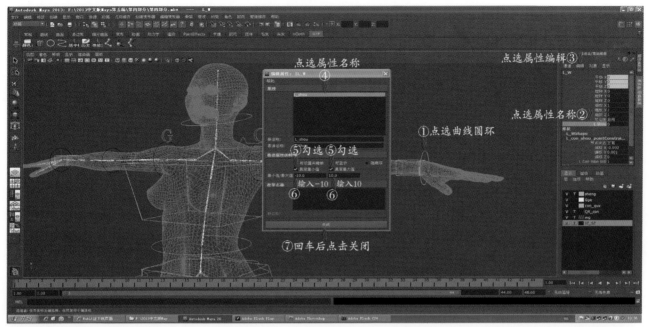

图8-4

　　⑥点击曲线圆环,点击"通道盒"的"L_shou",在"通道盒"的"编辑"菜单下选择"设置受驱动关键帧", 在设置受驱动关键帧的模块中点击"加载驱动者"按钮,再点击"关键帧"按钮,如图 8-5 所示。

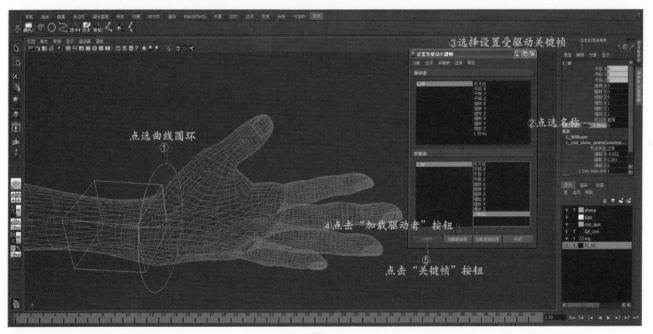

图8-5

⑦在不关闭"设置受驱动关键帧"的情况下选择手指各个关节：按下 Shift 键加选大拇指、食指、中指、无名指、小指各 1~4 个骨头，点击"加载受驱动项"按钮；在"受驱动"左栏内拖选所有已被加载的骨头名称，在"受驱动"右栏内拖选"旋转 X"、"旋转 Y"、"旋转 Z"，同时点选"驱动者"右栏内的名称 L_Shou，点击"关键帧"按钮，如图 8-6 所示。

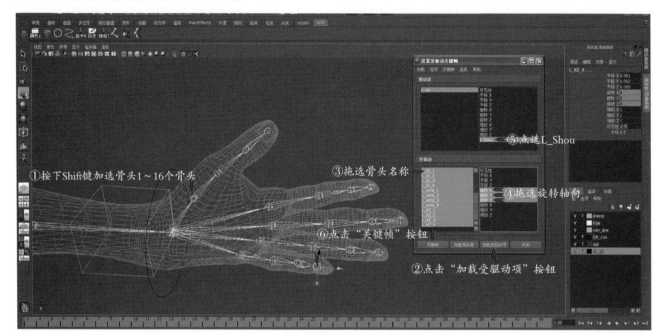

图8-6

⑧继续点击曲线圆环控制器，点选"通道盒"内的"L_shou"，并在赋值栏框里输入 10，然后点击"关键帧"按钮，如图 8-7 所示。

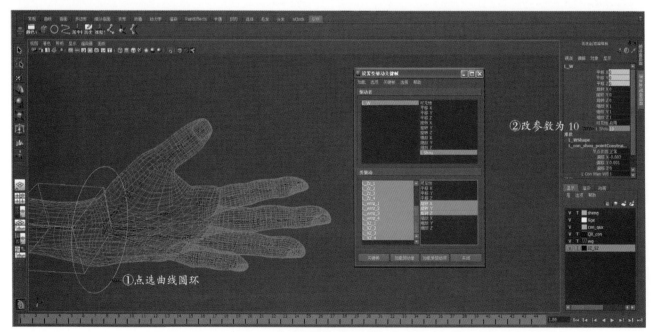

图8-7

⑨点选某个手指，用旋转工具调整 5 根手指的握拳动作，点击"关键帧"按钮，如图 8-8 所示。

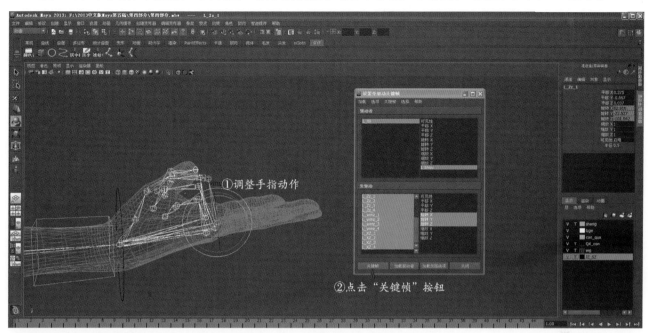

图8-8

⑩在"通道盒"里将 L_shou 10 改为 L_shou 0，在"设置受驱动关键帧"对话框里点击"关键帧"按钮，如图 8-9 所示。

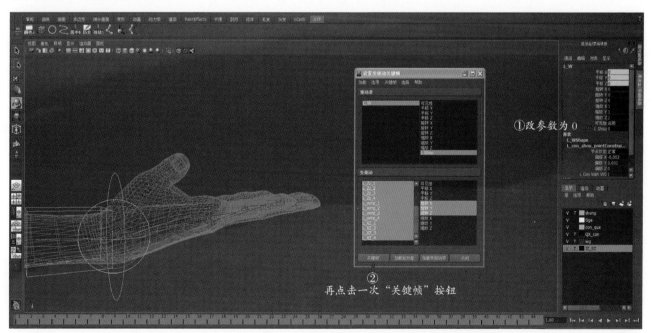

图8-9

⑪点击"曲线圆环",在"通道盒"点选 L_shou,并将参数改为 -10;点选手指骨骼将其反方向调整、使手指张开,再一次点击"关键帧"按钮,如图 8-10 所示。

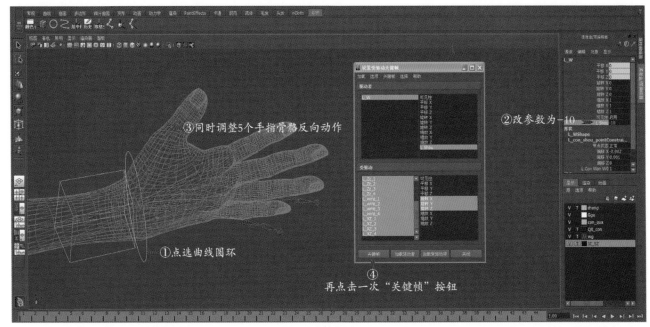

图8-10

完成编辑后,在"通道盒"里点选 L_shou 或者 R_shou,按鼠标中键在工作区左右拖曳即可观察到手指的运动过程,如图 8-11 所示。

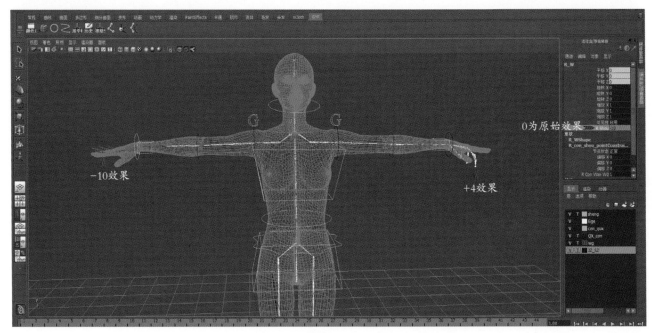

图8-11

第9章

添加关节曲线控制器属性及全身苹果控制器

本章学习重点：

　　曲线属性的添加及控制器的连接和组合；扭曲连接与组合技巧。

9.1　添加肩部曲线控制器属性

　　添加肩部"G"曲线控制器的属性名称的步骤如下。

　　①点选"G"字曲线控制器，在"通道盒"内点选"旋转X"，在"编辑"菜单下选择添加属性；在"添加属性"对话框中的"名称"栏输入 L_G_twist，点击"添加"按钮。操作步骤如图 9-1 所示。

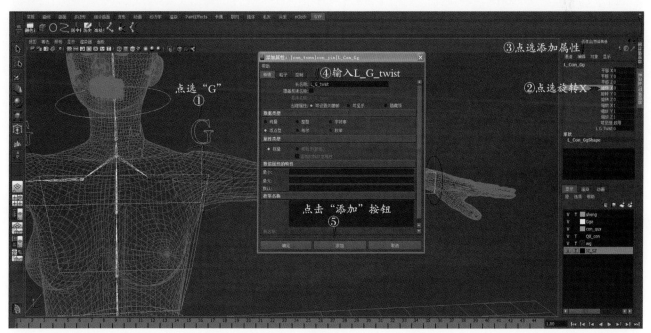

图9-1

②点选 "G" 字曲线控制器，在菜单组件编辑器下选择 "常规编辑器" 下的 "连接编辑器" 命令，此时会自动导入输出数据。在工作区点选肩部 IK 柄，点击 "重新加载右侧" 按钮，点选 L_G_twist，继续点选 twist 扭曲名称，即建立了扭曲连接。操作步骤如图 9-2 所示。

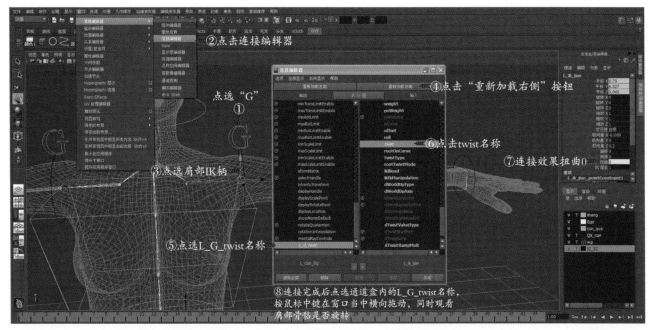

图9-2

③按下 Shift 键加选臂膀的所有曲线圆环，在图层栏框内按鼠标右键，选择 "添加选定对象"，在曲线图层，这里将图层命名为 "con_qux"，操作步骤如图 9-3 所示。

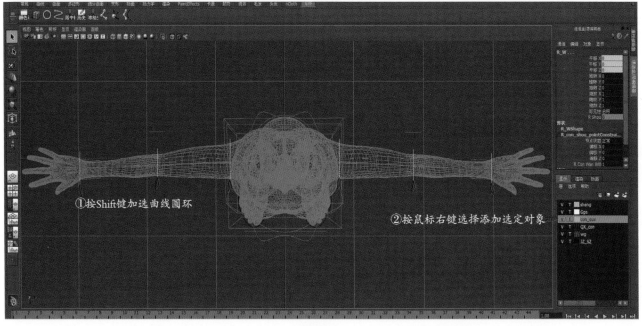

图9-3

9.2　建立全身曲线控制器

建立曲线圆环并在"曲面"模块当中进行编辑、修改的具体步骤如下。

①点击曲面切换命令，在"编辑曲线"菜单下选择"重建曲线"命令，在"重建曲线选项"对话框中将跨度数改为12，点击"应用"按钮。具体操作步骤如图9-4所示。

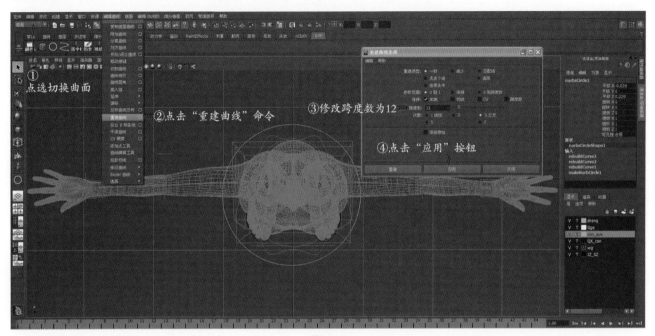

图9-4

②点选曲线圆环，在曲线圆环上点击鼠标右键，选择"控制顶点"命令；按 W 键切换为移动修改工具，并对曲线进行拖曳，将图形修改成苹果状，如图9-5所示。

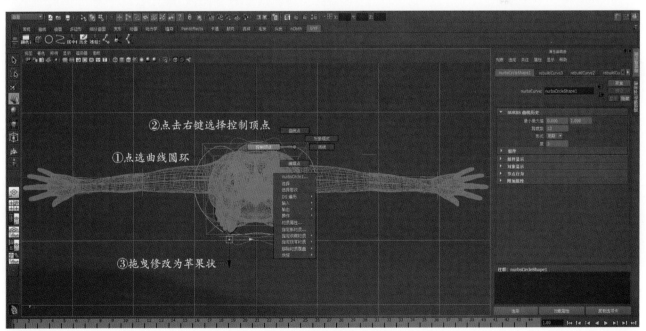

图9-5

③切换回原动画编辑模块，在苹果状曲线上点击右键，选择"对象模式"命令，点击"清理历史"、"冻结变化"、"居中枢轴"按钮，将苹果控制器命名为 Qshen_con，如图9-6所示。

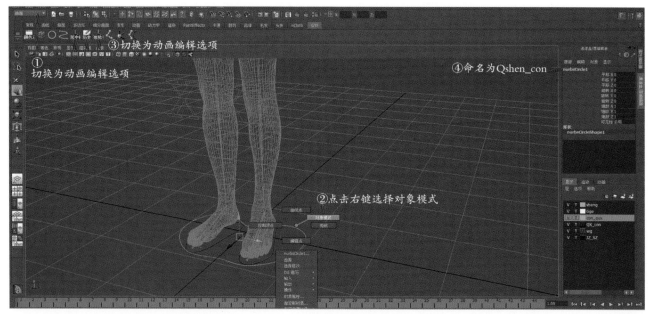

图9-6

9.3 组合全身所有控制器

组合全身控制器的步骤如下。

①打开大纲视图，点选 X 文字曲线控制器，按 Ctrl 加 G 键组合，并命名为 GRP_con_quanS；在大纲视图当中按鼠标中键拖曳所有的曲线控制器名称至 GRP_con_quanS 组当中（注：除苹果控制器外），如图 9-7 所示。

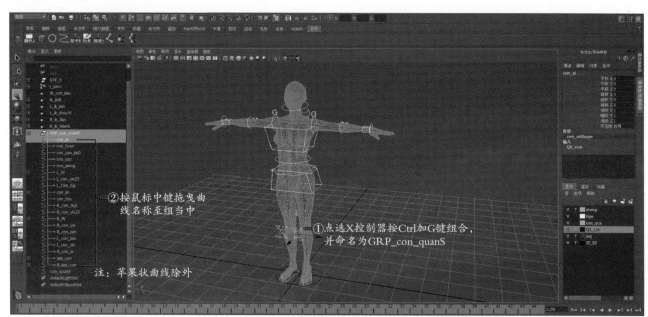

图9-7

②在大纲视图中拖选 GRP_con_quanS 组和 con_quanS 曲线控制器名称，在"约束"菜单下选择"缩放"及"父对象"约束命令，勾选"保持偏移"，点击"应用"按钮，如图 9-8 所示。

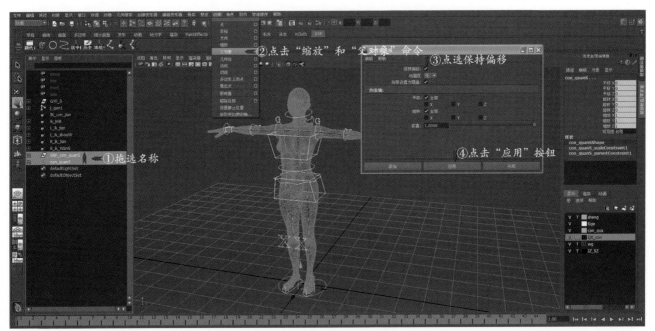

图9-8

③点选苹果曲线控制器，按 W 键切换移动工具向 X 方向移动，预览效果，如图 9-9 所示。

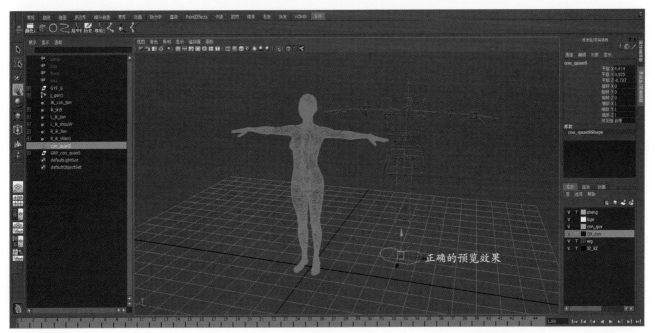

图9-9

④点选身体根骨头，按 Ctrl 加 G 键组合全部骨骼，并将组命名为 GG，如图 9-10 所示。

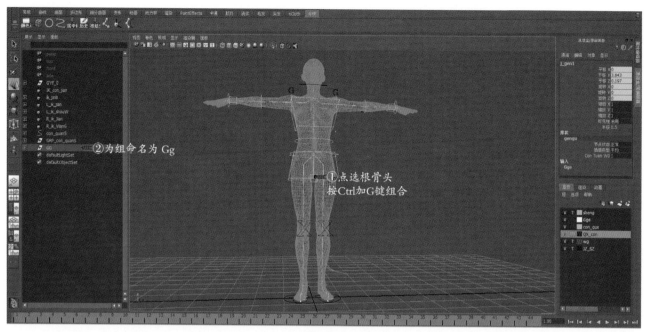

图9-10

⑤点选苹果曲线控制器 con_quanS 名称，按下 Ctrl 键加选"GG"组，对它们进行缩放约束；在"约束"菜单下选择"缩放"命令，在"缩放约束选项"编辑器当中点击"应用"按钮，操作步骤如图 9-11 所示。

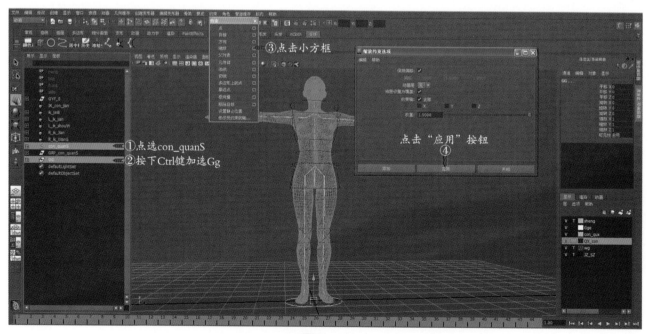

图9-11

⑥在大纲视图中继续将 IK 控制组件进行组合：由上至下拖选 IK 组件名称，按 Ctrl 加 G 键组合，命名为 IK_con_GRP，如图 9-12 所示。

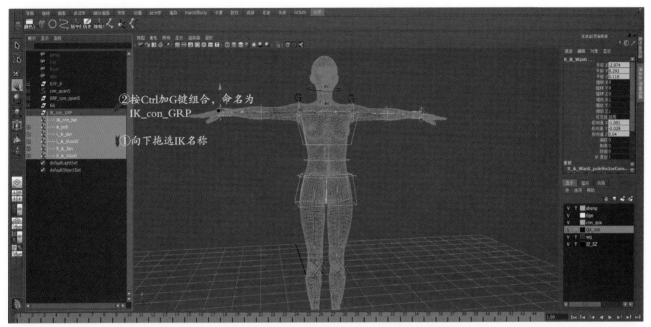

图9-12

⑦对 IK 控制组与苹果曲线控制器进行缩放约束：点选 IK 控制组，按 Ctrl 键加选苹果曲线控制器，在"约束"菜单下选择"缩放"命令后面的小方框,在"缩放约束选项"中点击"应用"按钮,如图 9-13 所示。

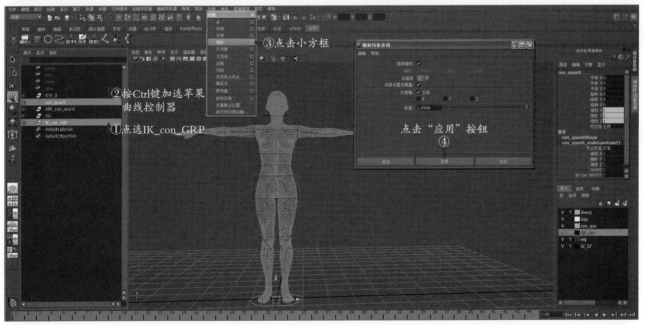

图9-13

9.4　组合设置与约束控制

这里的约束控制主要是将"X"曲线控制器约束到脚的根部。①点选"X"文字曲线，按 Ctrl 键加 G 键再次组合，按 insert 键修改轴位置至脚骨根骨头处。②在大纲视图中找到"X"组的名称，并修改为 XI_L。③将右侧的 X 曲线控制器组合命名为 XI_R，并按鼠标中键将 XI_L、XI_R 拖曳到 GRP_con_quanS 组内，如图9-14 所示。

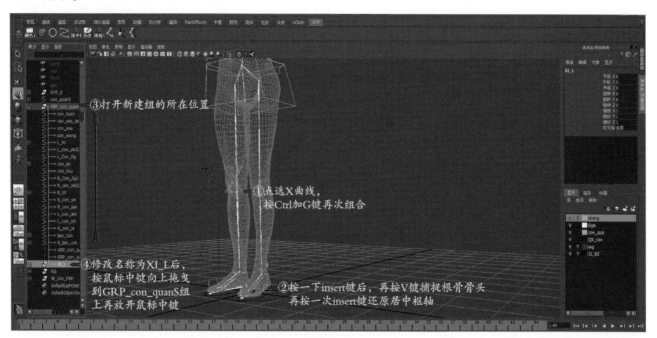

图9-14

④点选脚的根骨骨头，按下 Ctrl 键在大纲视图中加选新建组 XI_L，在"约束"菜单下选择"点"后面的小方框，在"点约束选项"中点击"应用"按钮，如图 9-15 所示。

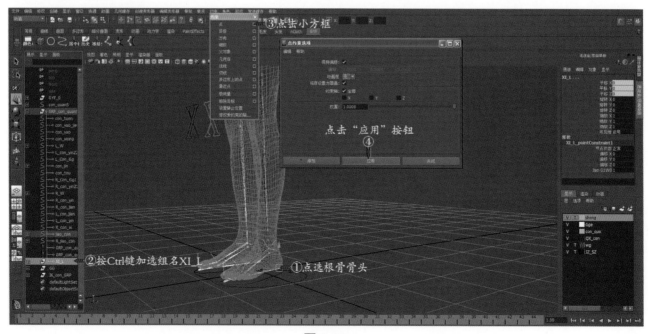

图9-15

9.5　锁定与属性设置及命名

锁定与属性设置及命名的步骤如下。①点选 X 曲线控制器。②在"编辑"菜单下选择"添加属性"命令。③在"添加属性"编辑器的"长名称"栏中输入名称 Lock。④点选"布尔"选项，其他的保持默认。⑤点击"添加"按钮，如图 9-16 所示。

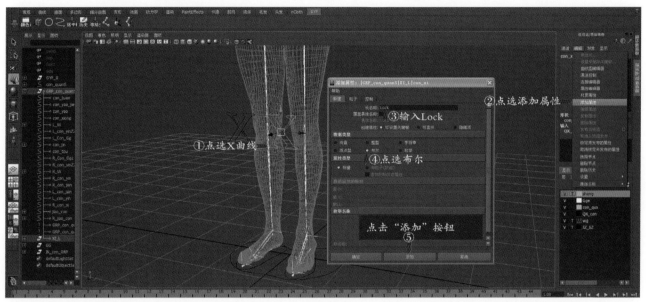

图9-16

9.6　为X曲线添加驱动关键帧

为 X 曲线添加驱动关键帧的步骤如下。

①点选"X"曲线控制器，在"通道盒"内点选 Lock 名称，在"编辑"菜单下选择"设置受驱动关键帧"命令，在"设置受驱动关键帧"编辑器中点击"加载驱动者"命令，如图 9-17 所示。

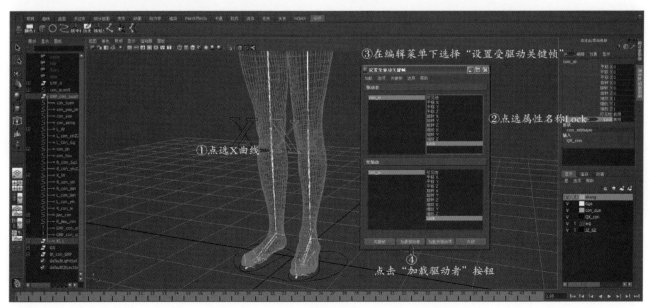

图9-17

②在不关闭"设置受驱动关键帧"编辑器的情况下，点选大纲视图中的"XI_L_pointConstraint1"，点击"加载受驱动项"按钮，如图9-18所示。

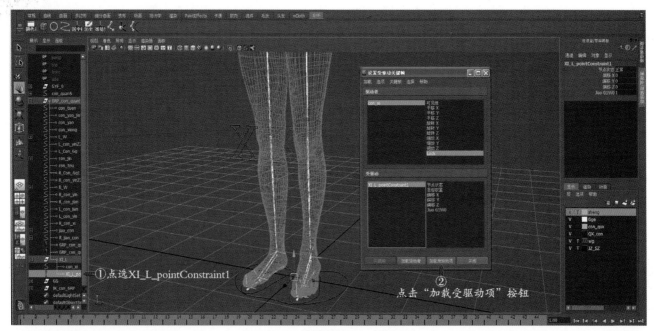

图9-18

③加载受驱动项后，再点选 Jiao_G1WO，在"通道盒"内点选 Jiao_G1WO，并将参数改为 0，点击"关键帧"按钮，如图9-19所示。

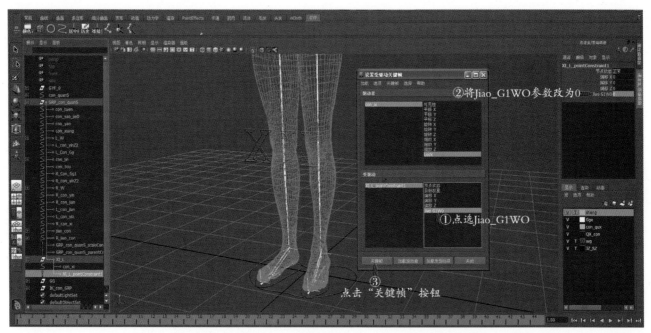

图9-19

④再次点选"X"曲线控制器，在"通道盒"内点击 Lock 后面的栏框输入 1 后回车，此时"禁用"便会改为"启用"字样；在"设置受驱动关键帧"编辑器中点击"关键帧"按钮，如图 9-20 所示。

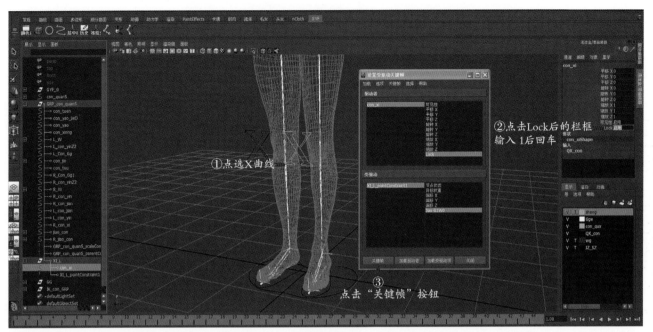

图9-20

⑤点选 XI_L_pointConstraint1 受驱动者，点选"通道盒"内 Jiao_G1WO 后的参数栏框，并将参数改为 1 后回车，点击"关键帧"按钮，如图 9-21 所示。

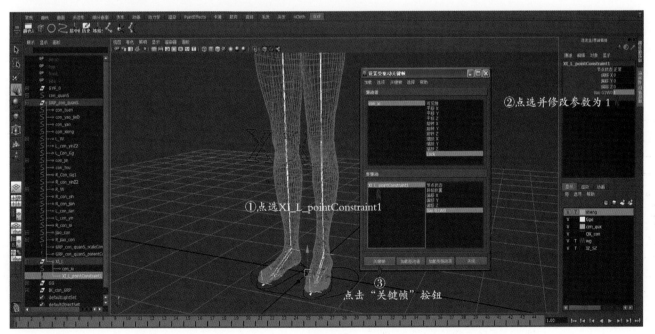

图9-21

第10章

IK、FK的融合、驱动与隐藏

本章学习重点：

全面控制手臂运动的动作与关键帧的驱动，关键帧动作的驱动。

10.1　IK、FK的融合

建立 IK 与 FK 之前，要对手腕上的曲线圆环控制器进行清理，由于我们在制作手指驱动时，"曲线圆环"控制器自动生成了一些重复无用的"形状"位置信息，因此要作相应清理，如图 10-1 所示。

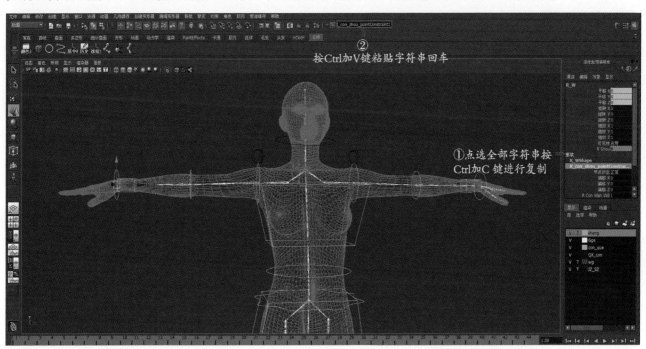

图10-1

①将复制的字符串粘贴在"按名称选择"的栏框内并回车，与之相关的信息就会显示在通道盒的最上方。②用鼠标点击此处，按 Delete 键直接删除即可，如图 10-2 所示。

注：以上操作将会把"曲线圆环"控制器的其他连接、约束及相关信息全部删除，在删除时一定要考虑周全。

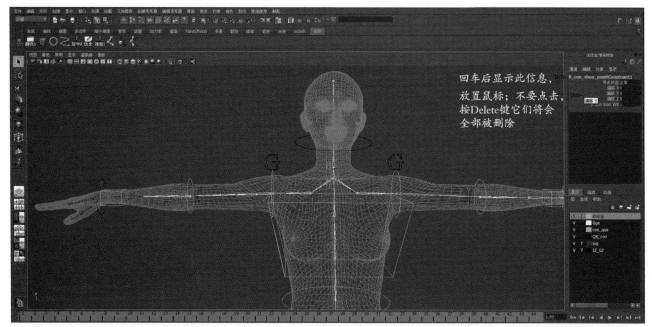

图10-2

点击手腕处 IK 柄，通道盒内的 IK 混合改为 0，点选肩部骨骼，按 E 键旋转，观察手臂是否跟随移动，如图 10-3 所示。

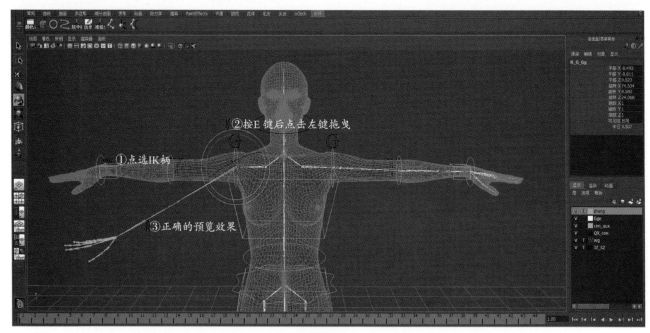

图10-3

1. 方向约束

要使手臂具有自然旋转功能，就要在编辑融合之前将它们（曲线圆环控制器）进行相应的约束。

①点选肩部曲线圆环，按下 Shift 键加选"肘上部"骨骼。②在"约束"菜单下选择"方向"后面的小方框，在"方向约束选项"编辑器中勾选"保持偏移"，点击"添加"按钮。具体操作步骤如图 10-4 所示。

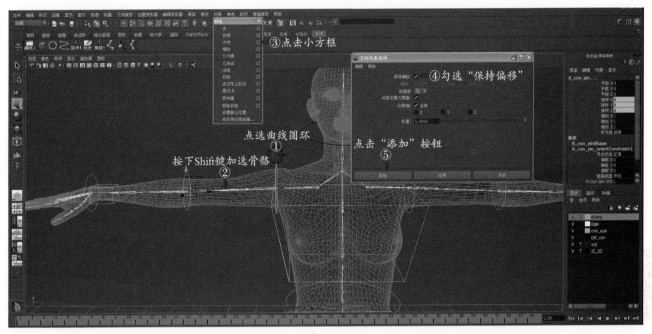

图10-4

③用以上类似方法将肘下部"桡骨"骨骼进行方向控制约束，具体操作步骤如图 10-5 所示。

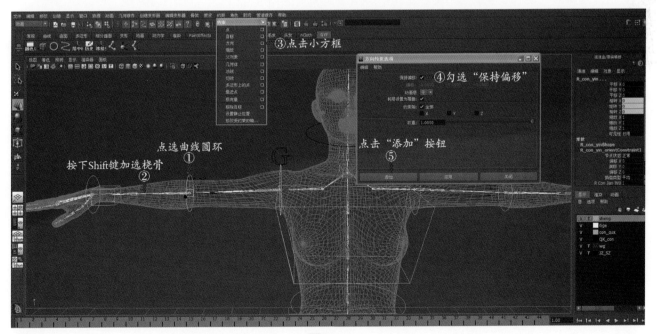

图10-5

④完成双臂曲线圆环与骨骼的方向约束后,还要将圆环约束到骨骼上（见下一步）,效果如图10-6所示。

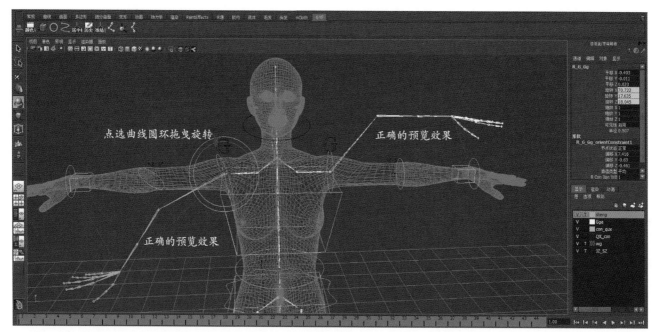

图10-6

2. 将曲线圆环控制器约束到骨骼上

①点选肘上臂骨骼,按下 Shift 键加选曲线圆环控制器。②在"约束"菜单下选择"点约束"后面的小方框,勾选"保持偏移",点击"添加"按钮。

注：用同样方法将双臂上的"曲线圆环"控制器约束到骨骼的骨点上,操作步骤如图10-7所示。

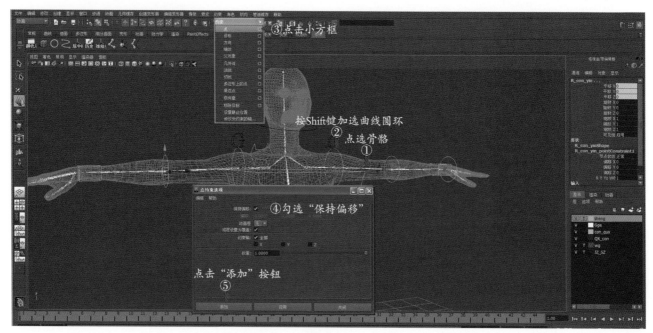

图10-7

完成了骨骼和曲线圆环的相互约束设置后，通过旋转工具可以观看和检查约束是否正确，效果如图 10-8 所示。

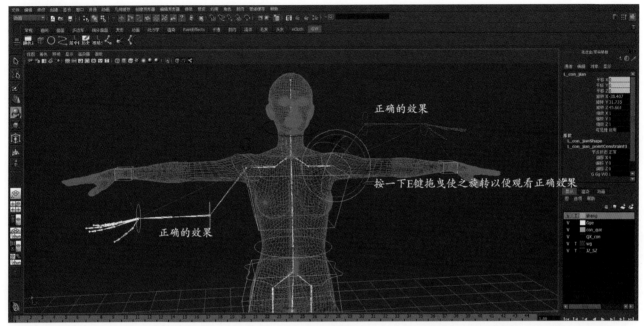

图10-8

10.2　IK、FK的融合与驱动设定

1. IK 与 FK 的融合设定

①在手腕处点选"曲线圆环"。②按 Ctrl 键加 G 键组合。③在大纲视图中找到"组"并重新命名为 RH_con_r，操作步骤如图 10-9 所示。

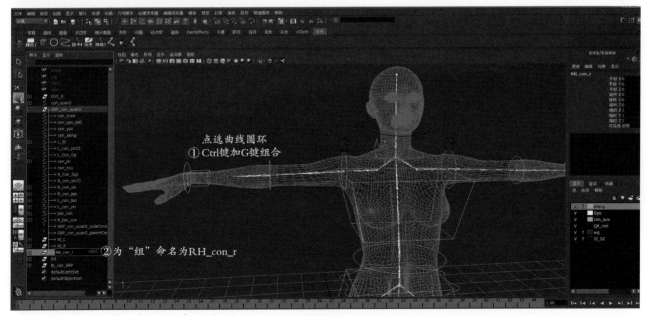

图10-9

2. 对齐手腕"组"的中枢轴

①在大纲视图点选组 RH_con_r。②按一下 Insert 键与 V 键，将中枢轴拖曳到手腕"曲线圆环"的中心及骨点中心后，再按一次 Insert 键还原中枢轴，如图 10-10 所示。

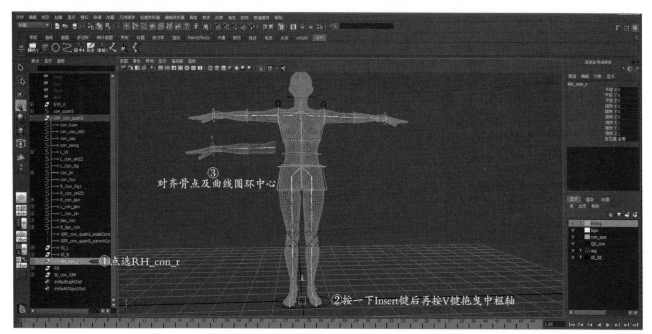

图10-10

③将肩部和肘部的曲线圆环控制器实现父子绑定，绑定顺序是先子后父，具体操作步骤如图 10-11 所示。

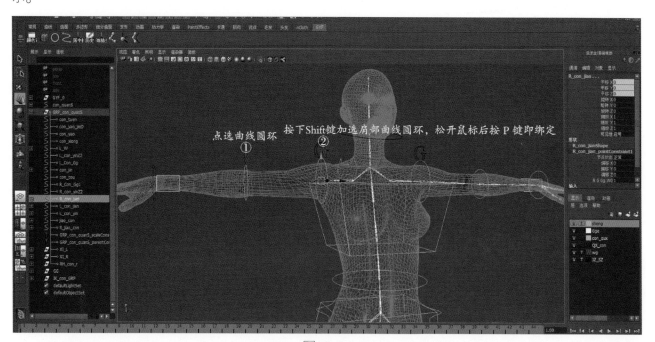

图10-11

3. 父对象约束

①点选肘部曲线圆环。②按下 Ctrl 键加选大纲视图内的 RH_con_r 组。③在"约束"菜单下点选"父对象"后的小方框。④在"父约束选项"中勾选"保持偏移"。⑤点击"添加"按钮。操作步骤如图 10-12 所示。

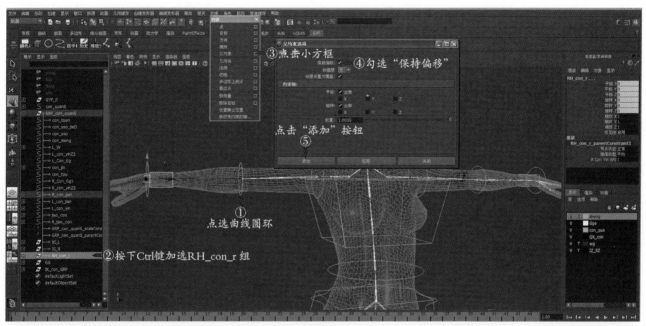

图10-12

父对象约束完成后即可按 E 键转换旋转工具，按图 10-13 所示中的旋转方向进行旋转、观察，看看每个曲线圆环与骨骼之间是否相互制约及相互控制。

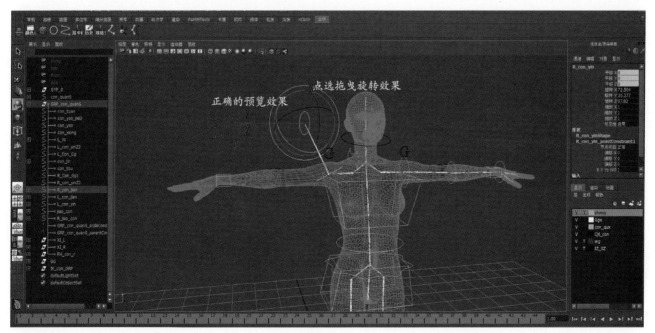

图10-13

10.3　IK、FK融合和驱动属性

1. 为手腕"曲线圆环"添加属性名称

①在手腕处点选曲线圆环。②在通道盒"编辑"菜单下选择"添加属性"命令，在弹出的"添加属性"编辑器中的"长名称"栏内输入名称 IK_FK_R_VI，在"数值属性的特性"栏内输入默认值 0、最大值 10、最小值 -10，点击"确定"按钮。操作步骤如图 10-14 所示。

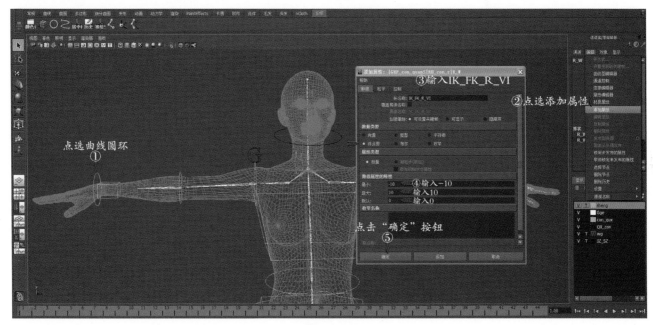

图10-14

③继续点选曲线圆环，在通道盒点选属性名称 IK_FK_R_VI，在"编辑"菜单下点选"设置受驱动关键帧"命令，在"设置受驱动关键帧"编辑器的下端点击"加载驱动者"按钮，如图 10-15 所示。

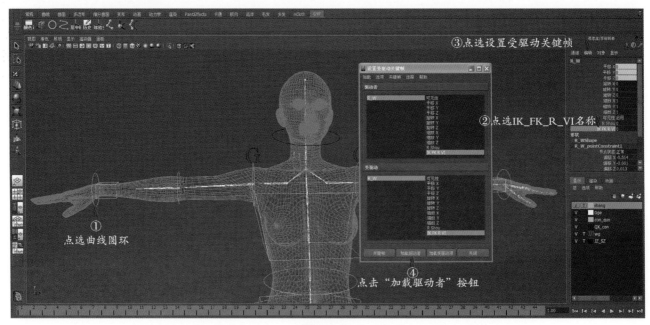

图10-15

④在不关闭"设置受驱动关键帧"编辑器的情况下选择手腕处的IK柄，点击"加载受驱动项"按钮，如图10-16所示。

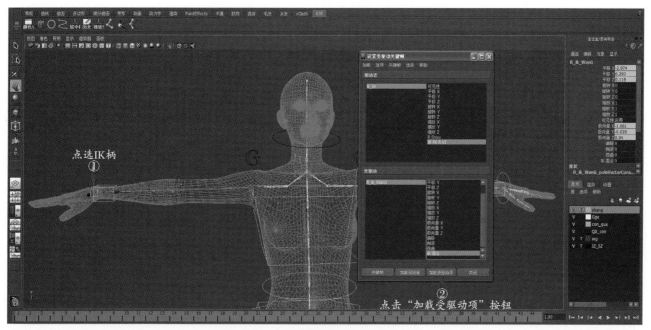

图10-16

⑤点选驱动者名称R_W，点选驱动融合名称IK_FK_R_VI，点选受驱动名称IK混合；在通道盒"IK_FK_R_VI"的"名称"栏内输入10，点击"关键帧"按钮，如图10-17所示。

注：输入10之前，在0的位置必须先将0设置为关键帧，即点击一次"关键帧"按钮。

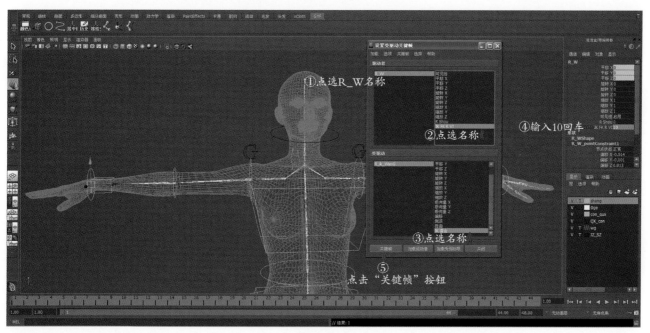

图10-17

⑥在"受驱动"栏内点选 R_ik_WanG，在通道盒内改 IK 混合值为 0，点击"关键帧"按钮，如图 10-18 所示。

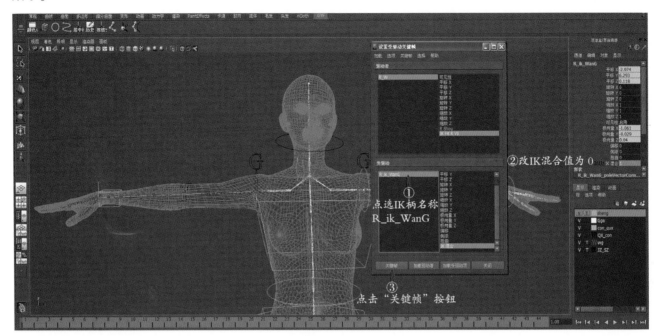

图10-18

2. 融合与隐藏设置

①在驱动者栏框内点选曲线圆环，在通道盒内的"IK_FK_L_VI"栏内输入 -10，点击"关键帧"按钮，如图 10-19 所示。

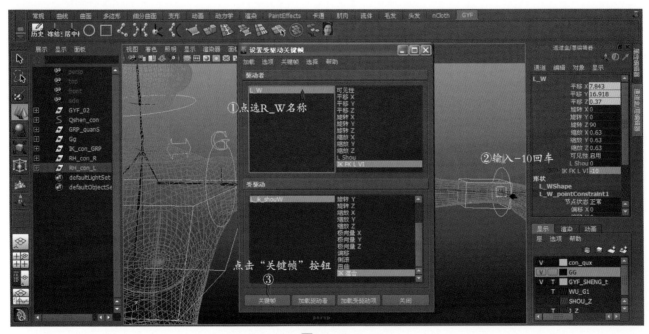

图10-19

②在"受驱动"栏内点选L_ik_shouW（IK柄），在通道盒内点选"IK混合"并输入1后回车，点击"关键帧"按钮，如图10-20所示。

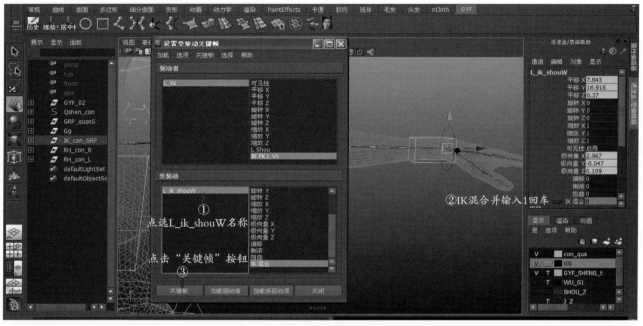

图10-20

10.4 隐藏与融合1

①点选曲线圆环，点选"IK_FK_L_VI"并输入0，在通道盒的"编辑"菜单下点选"设置受驱动关键帧"，点击"加载驱动者"按钮，点选驱动栏的IK_FK_L_VI，如图10-21所示。

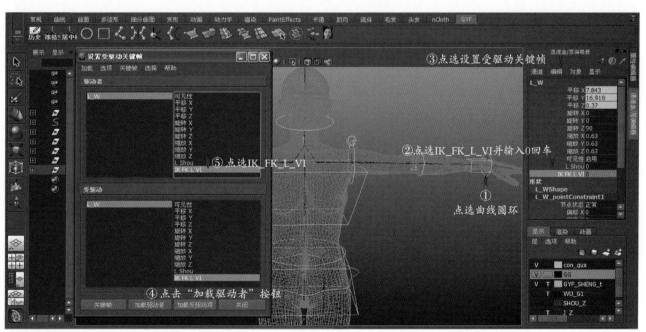

图10-21

②按 Shift 键加选肩膀、肘部曲线圆环，点击"加载受驱动项"按钮，拖选 L_CON_Jian、L_CON_yin，在"受驱动"栏内点选"可见性"，如图 10-22 所示。

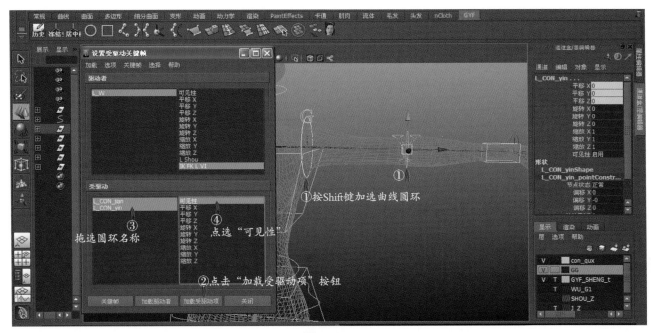

图10-22

10.5　隐藏与融合2

①点击 L_W 曲线圆环，点选"IK_FK_L_VI"并输入 10 后回车，如图 10-23 所示。

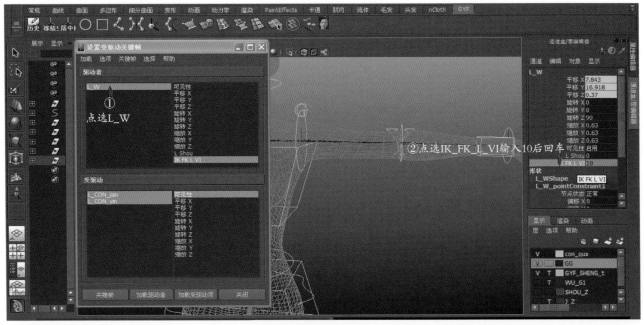

图10-23

②在"设置受驱动关键帧"编辑器内再次拖选曲线圆环 L_CON_jian、L_CON_yin，点击"可见性"，在通道盒"可见性"后的栏里输入 0（禁用），点击"关键帧"按钮，如图 10-24 所示。

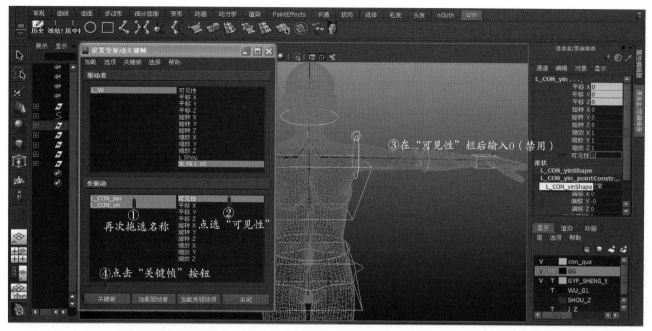

图10-24

10.6　隐藏与融合3

①在"驱动者"内拖选 R_Wan 名称，在通道盒的"IK_FK_L_VI"栏内输入 -10 后回车，如图 10-25 所示。

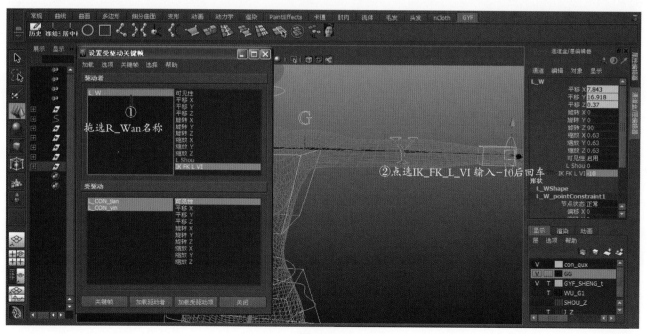

图10-25

②在"设置受驱动关键帧"编辑器内再次拖选曲线圆环名称 L_CON_jian、L_CON_yin，点击"可见性"的名称，在通道盒"可见性"后的栏里输入 1（启用），点击"关键帧"按钮，如图 10-26 所示。

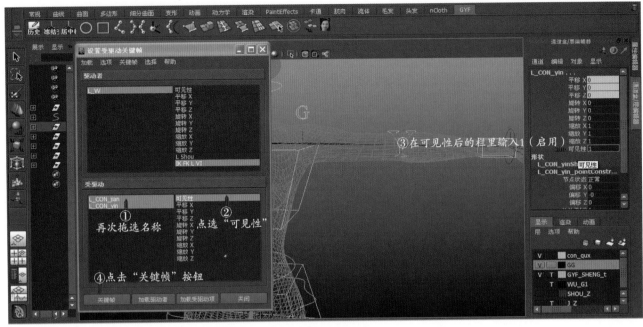

图10-26

③点选 Y 字和手腕处方盒，点选"加载受驱动项"按钮，在"受驱动"栏内拖选名称 L_con_Wan、L_con_yinZ；点选可见性名称，在通道盒的 ke 可见性栏内输入 0 后回车，点击"关键帧"按钮，如图 10-27 所示。

图10-27

④在"设置受驱动关键帧"中再次拖选 L_W，在通道盒的"IK_FK_R_VI"内输入 10 后回车，如图 10-28 所示。

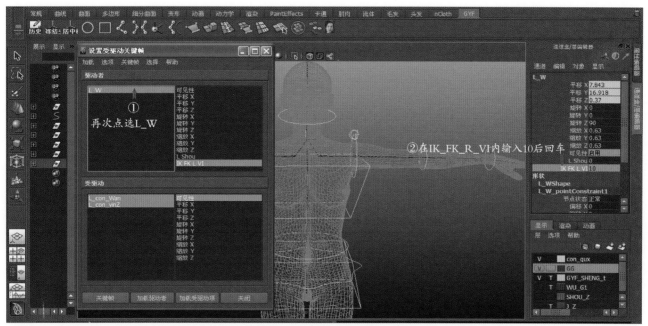

图10-28

10.7 还原显示手臂控制器

①在不关闭"设置受驱动关键帧"编辑器的情况下点选 L_con_yinZ、L_con_Wan，将通道盒内的 IK_FK_L_VI 名称值改为 1（启用），点击"关键帧"按钮，如图 10-29 所示。

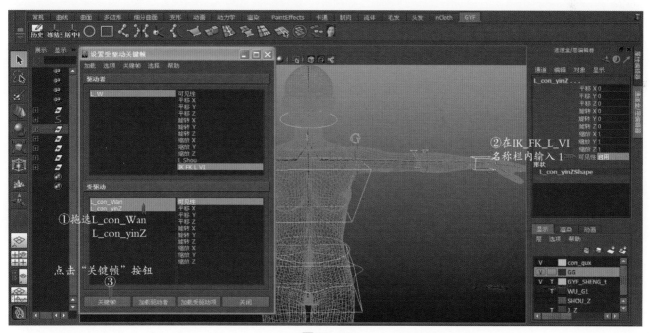

图10-29

②在"设置受驱动关键帧"中再次拖选L_W，在通道盒的IK_FK_L_VI名称栏内输入0后回车，如图10-30所示。

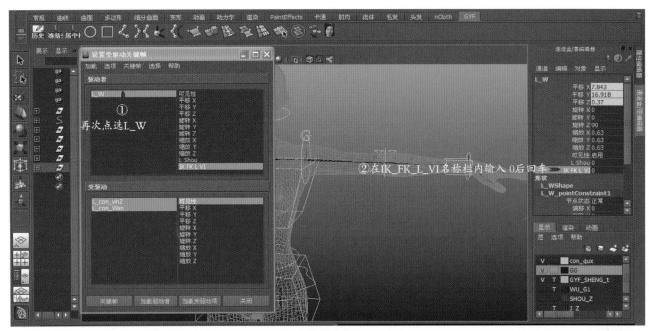

图10-30

③在不关闭"设置受驱动关键帧"编辑器的情况下拖选L_con_yinZ、L_con_Wan，将通道盒内的IK_FK_L_VI名称值改为1（启用），此时手臂其他曲线控制器均为显示状态；点击"关键帧"按钮，如图10-31所示。

注：确保肘部、肩部曲线圆环为显示状态。

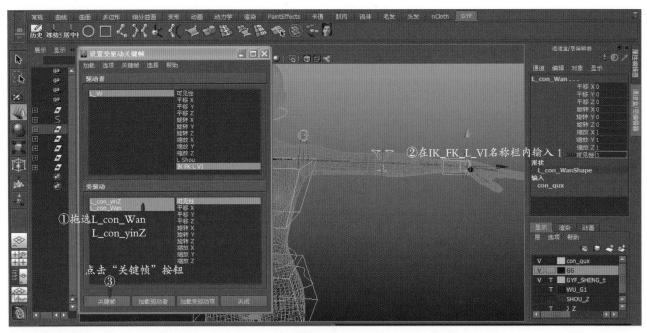

图10-31

第11章

乳房骨骼的添加与骨骼镜像"C"（簇）控制

本章学习重点：

让乳房上、下、左、右动作自然；"C"（簇）控制的连接与应用。

11.1 乳房骨骼的添加

点选"建立关节工具"命令，在侧视图窗口点击建立骨骼段，在前视图拖动移动工具坐标，调整位置，如图 11-1 所示。

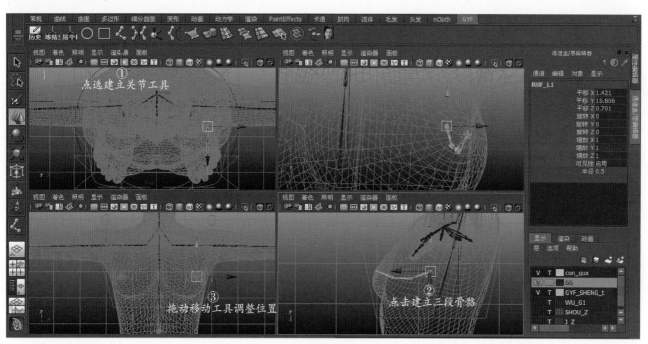

图11-1

为了使乳房骨骼动作柔和，我们采用通过"IK 样条线控制柄工具"为它添加"C"字的控制技术，操作如下：①在侧视图的乳房骨骼第二骨头处点击添加"IK 样条线控制柄"。②点击第四骨头处即建立了 IK 控制，如图 11-2 所示。

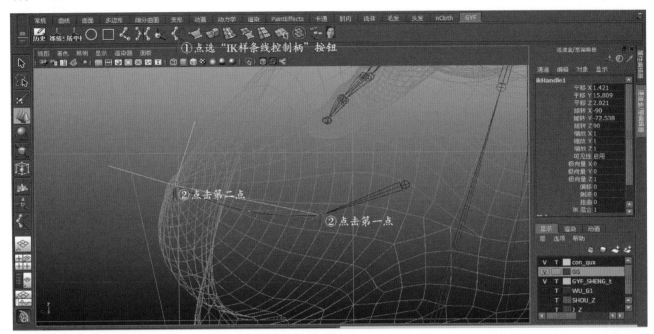

图11-2

11.2 为样条线添加"C"控制点

①显示窗口下点击"显示"命令，在弹出的选项中点击"关节"选项，即可取消关节显示，如图 11-3 所示。

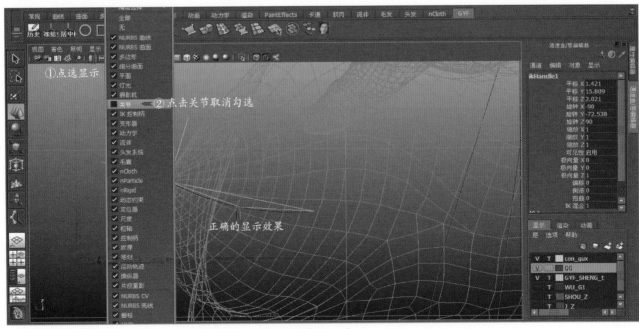

图11-3

②点选 IK 柄，重新命名为 ik_con_ruf1，点选样条线的同时单击鼠标右键，选择"控制顶点"命令，如图 11-4 所示。

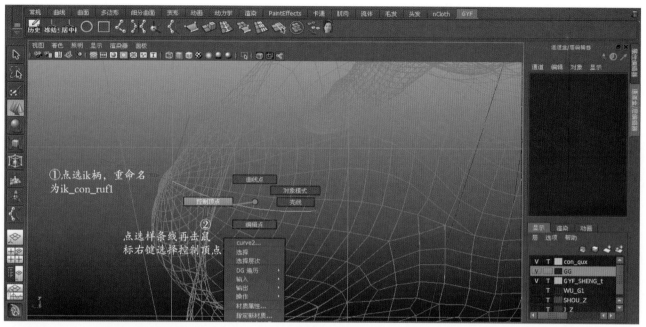

图11-4

③点选样条线上的某个顶点，再按住 Ctrl 键的同时击鼠标右键，从中选择"簇"命令，如图 11-5 所示。"簇"即 C 字之意。

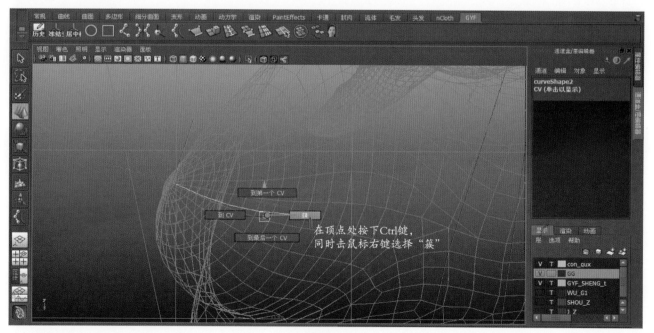

图11-5

④点选 "cluster4HandleShape" 属性选项卡，点选 "C" 字，在 "属性" 栏中点选 "原点" 的 Y 或 Z 轴向，同时按下 Ctrl 键加鼠标左键并拖动，即改变 "C" 字的位置；为 4 个 "C" 命名，操作步骤如图 11-6 所示。

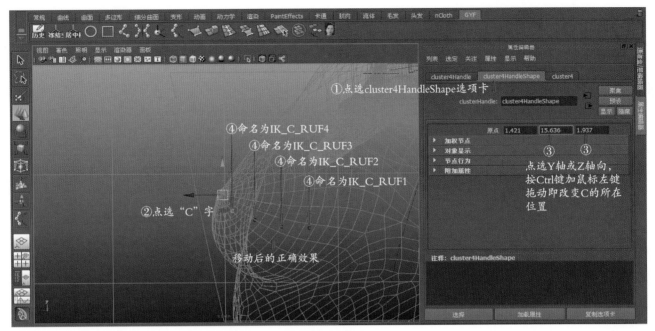

图11-6

11.3 连接镜像乳房骨骼

①还原关节显示，在侧视图点选乳房根骨头，按下 Shift 键加选胸骨头，松开鼠标再按 P 键即完成乳房的骨骼连接，如图 11-7 所示。

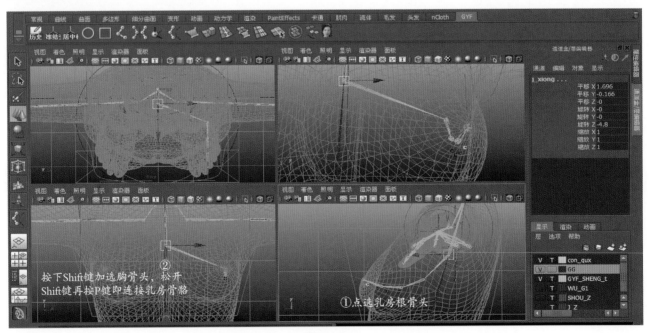

图11-7

②镜像、连接骨骼，在"骨架"菜单下点击"镜像关节"后面的小方框，在"镜像关节选项"中点选"YZ"选项，点击"镜像"按钮，如图11-8所示。

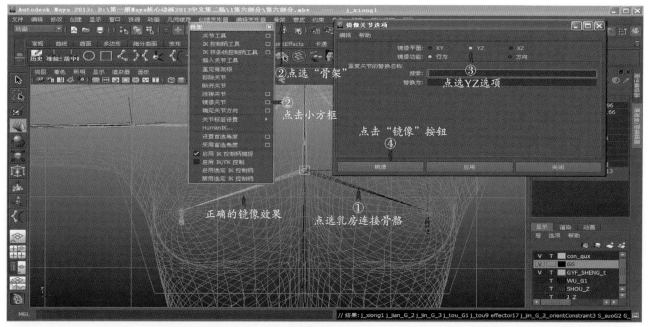

图11-8

③为镜像到右边的骨骼骨头重新命名（只要把后面两个字改一下即可，改为R1~R4），同时建立右边乳房的IK样条线控制柄并命名。"C"字的命名步骤如图11-9所示。命什么样的名称不重要，关键是不重复和便于自己辨认即可。

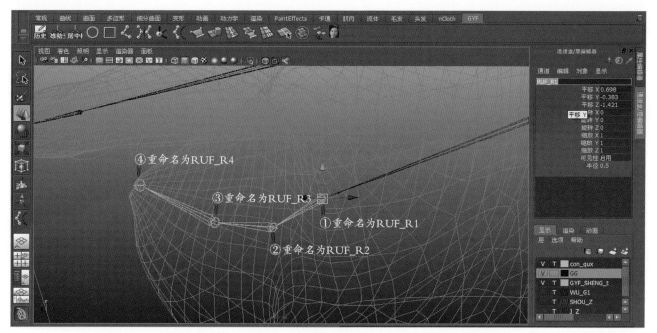

图11-9

11.4 为乳房骨骼添加曲线控制

①点击曲线圆环工具建立圆环，通过曲面编辑成"五角星"形状；在侧视图将它移出模型区，分别选取两个星形，并通过点击"非变形器历史"、"冻结变换"、"居中枢轴"三个图标将它们的值归零，如图11-10所示。

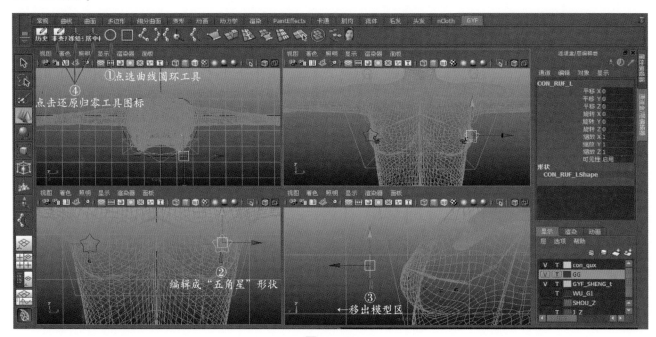

图11-10

②按 Ctrl 加 D 键复制一个星形，并把它摆放在右侧乳头的位置，重新命名。左侧乳头命名为 CON_RUF_L、右侧乳头命名为 CON_RUF_R，如图 11-11 所示。

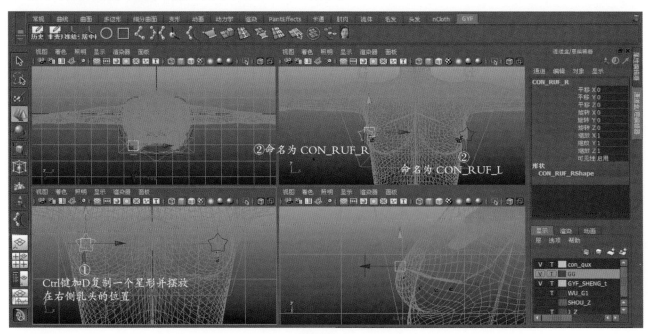

图11-11

11.5 "C" 簇的控制与编辑

①点选 "星形" 曲线，按一下 Insert 键启动移动坐标轴工具，按 V 键加鼠标左键对齐乳头后松开左键，再按一次 Insert 键还原移动坐标轴工具，如图 11-12 所示。

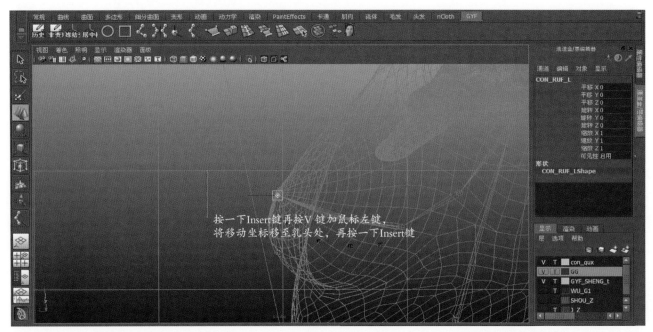

图11-12

②在大纲视图中拖选 IK 及 "C" 字名称，按 Ctrl 加 G 键进行组合，并重新命名为 GRP_RUF_L（左侧）和 GRP_RUF_R（右侧），如图 11-13 所示。

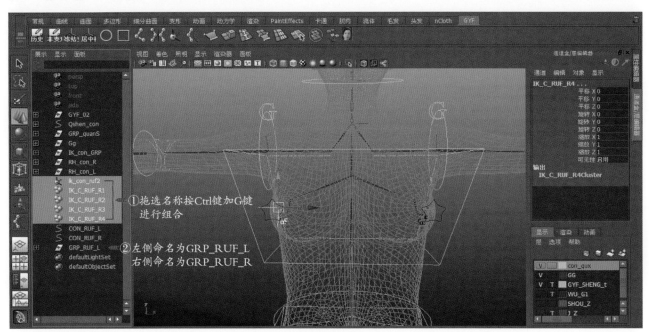

图11-13

③在大纲视图中点选星形曲线名称，按鼠标中键向下拖曳至对应的组名称内，如图 11-14 所示。

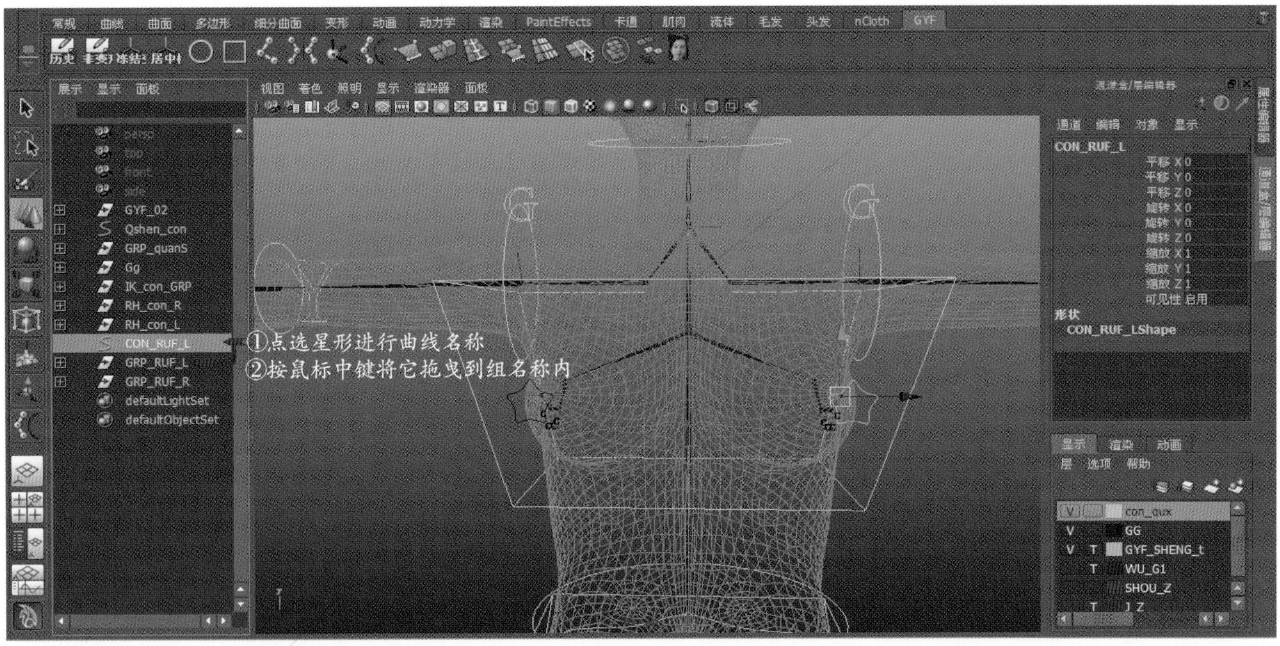

图11-14

11.6 约束星形到控制点

①按下 Shift 键，按序号添加"C"字控制点，松开鼠标后再按 P 键即将"C"字控制点绑定到了骨骼上，如图 11-15 所示。

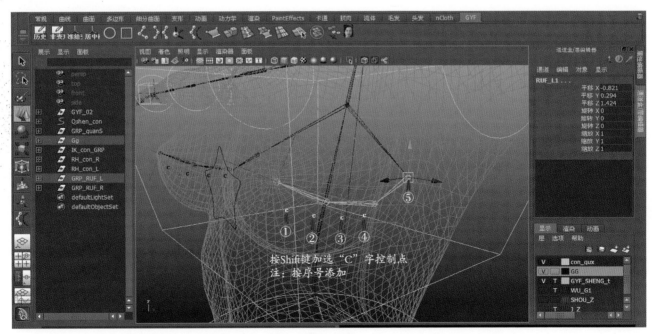

图11-15

②在大纲视图中点选星形曲线组名称，按一下 Insert 键并点击左键向上移动中枢轴，按下 V 键捕捉到乳头的 IK 柄顶点即松开鼠标，再按一次 Insert 键还原中枢轴向，如图 11-16 所示。

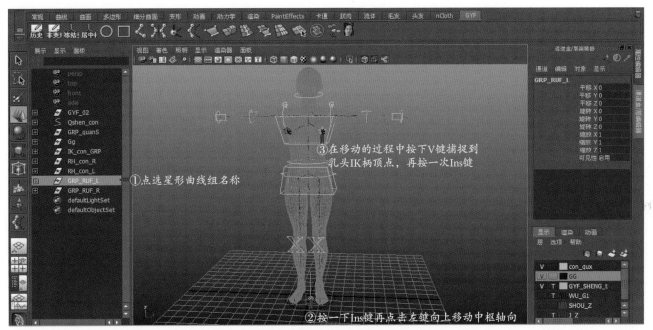

图11-16

③点选五角星形曲线控制器，按 Shift 键加选 "C"（簇）字控制点，在 "约束" 菜单下点选 "点" 约束命令如图 11-17 所示。

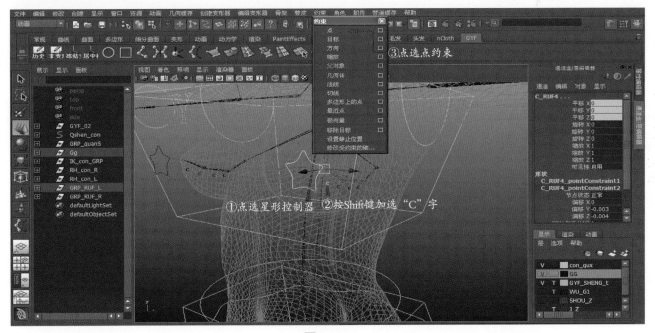

图11-17

④完成约束后再点选星形控制器，上、下、左、右移动，观看预览效果，如图 11-18 所示。

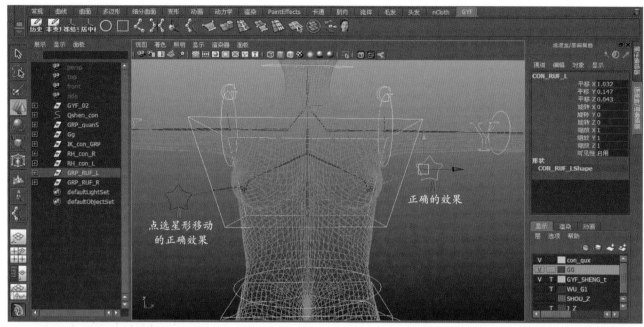

图11-18

⑤点选五角星形曲线控制器，按 Shift 键加选胸部梯形控制器，松开鼠标后再按 P 键即完成绑定约束，如图 11-19 所示。

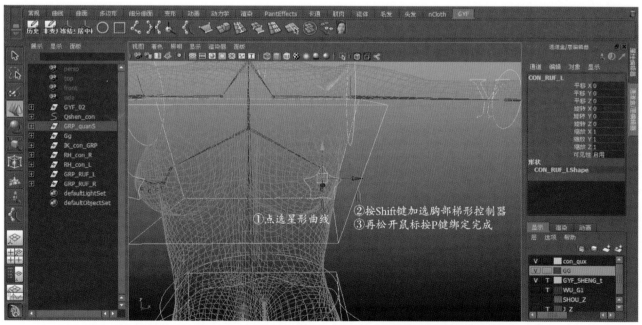

图11-19

⑥移动苹果状全身曲线控制器,通过上、下、左、右拖动或进行旋转、缩放等,观看连接点是否有遗漏现象,如图11-20所示。

注：观看后按Ctrl键加Z键返回原处，保存项目文件。

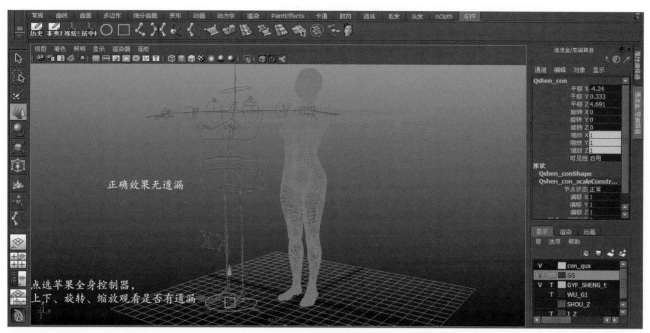

图11-20

本章学习重点：

蒙皮、权重、组件编辑

12.1　建立牙齿骨骼

1. 从口腔喉管至牙齿最前端建立一段骨骼

①点击"骨架"菜单下的"关节工具"命令或者点击骨骼快捷图标，在喉管处点击第一点，在牙齿的最前端点击第二点，即建立牙齿骨骼，如图 12-1 所示。

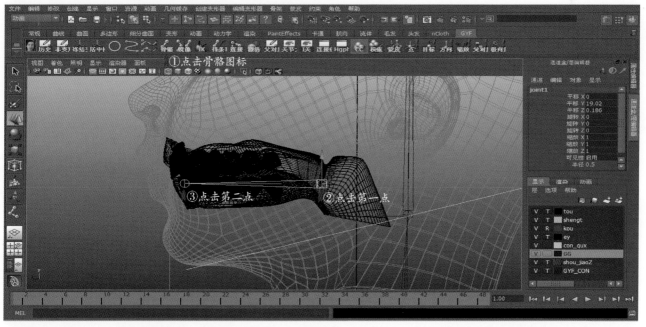

图12-1

②点击牙齿骨骼的根骨头，按 Shift 键加选头部骨头，松开鼠标右键再按 P 键即可连接牙骨与头骨，如图 12-2 所示。

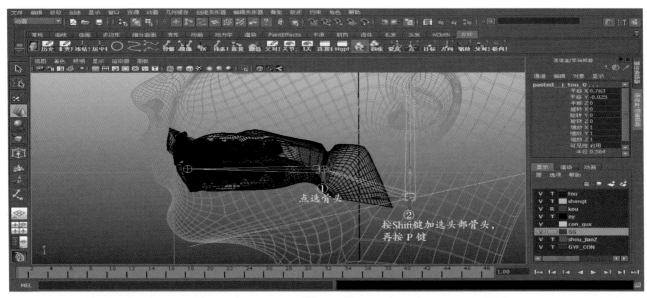

图12-2

2. 将颈部曲线圆环约束到骨骼

①点选曲线圆环，按 Shift 键加选头部骨骼。②在"约束"菜单下选择"方向约束"命令。③为牙齿骨骼命名，如图 12-3 所示。

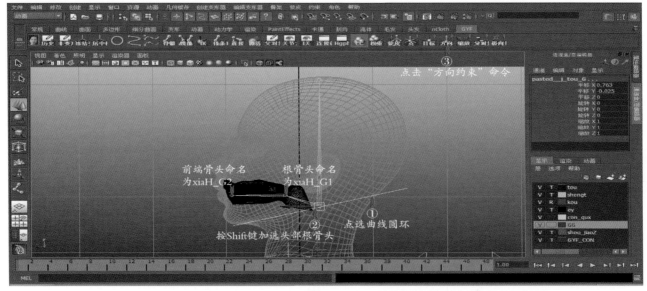

图12-3

12.2　为牙齿曲线添加驱动属性

1. 为曲线圆环添加三个属性

该操作的主要目的是控制下颌骨三个方向的动作。

①点选曲线圆环。②在通道盒点选"编辑"菜单下的"添加属性"命令。③在"添加属性"的"名称"栏中输入名称 XiaH_X。④点击"添加"按钮。

注：不要关闭属性对话框，继续添加 XiaH_Y、XiaH_Z，操作步骤如图 12-4 所示。

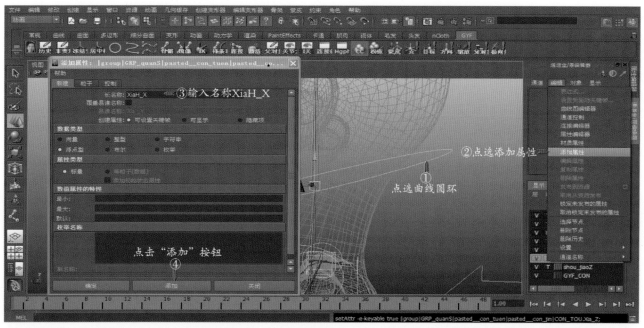

图12-4

2. 建立骨骼属性的超级连接驱动

①点选曲线圆环。②点击"连接编辑器"命令。③点选下颌骨骨头，点击"连接编辑器"右侧上方的"重新加载右侧"按钮即可载入属性数据，如图 12-5 所示。

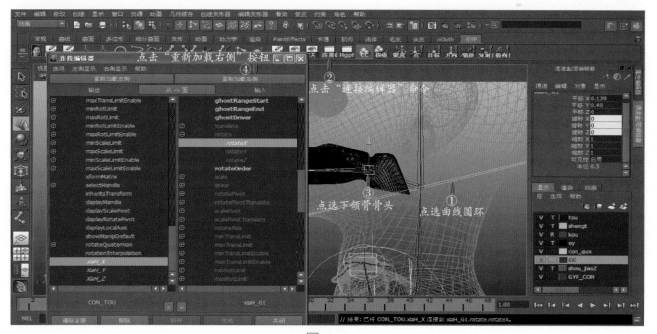

图12-5

④在"连接编辑器"的左侧最下方找到 XiaH_X、XiaH_Y、XiaH_Z 三个属性名称,在右侧的中部找到 rotate(旋转)并点击它最前端的"+"号,展开三个旋转属性名 rotate X、rotate Y、rotate Z,从左至右依次点选即可建立连接。建立正确连接后的字体会变成斜体,同时在通道盒的旋转名称中,其颜色会变成浅黄色,如图 12-6 所示。

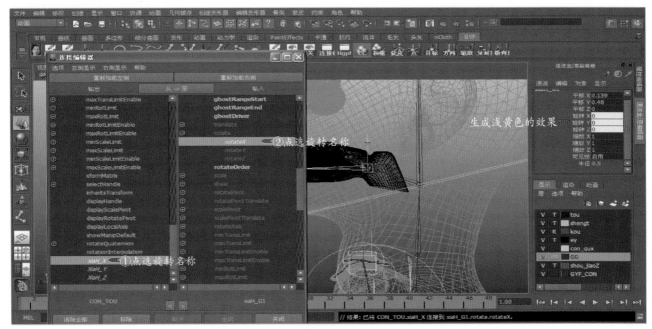

图12-6

⑤关闭"连接编辑器",点选曲线圆环,在通道盒内点选 XiaH_Y,同时按鼠标中键在窗口中左、右拖动,观看骨骼是否产生左、右移动的效果,如图 12-7 所示。

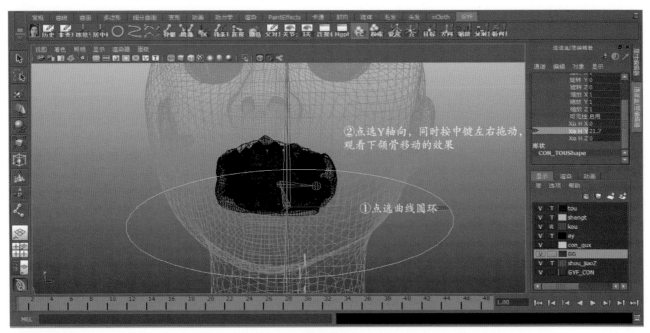

图12-7

12.3 五官绑定

在蒙皮之前，要将口腔牙齿、眼睛进行不同的约束与绑定。

①选择上牙齿组，按 Shift 键加选头部骨骼。②松开鼠标后再按 P 键即可绑定上牙齿组，如图 12-8 所示。

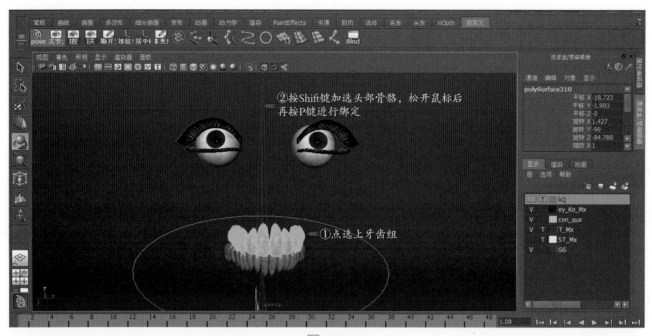

图12-8

③将下牙齿组绑定到牙齿骨骼的骨头上。其方法同绑定上牙齿组，只是绑定的位置不同。绑定完成后点击颈部圆环控制器，改变 XiaH_Z 名称栏的参数，观看牙齿的动作效果，如图 12-9 所示。

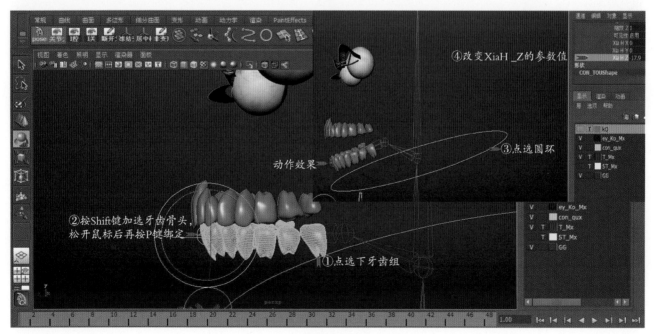

图12-9

④将眼球和睫毛绑定到头部骨骼骨头上，如图 12-10 所示。

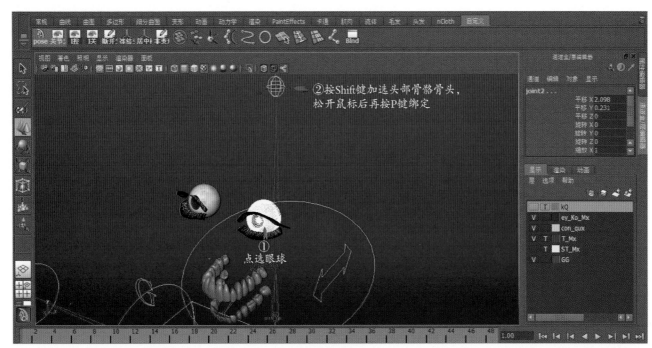

图12-10

⑤选择曲线圆环控制器，从各个方向观看眼睛、牙齿、睫毛是否跟随骨骼运动，如图 12-11 所示。

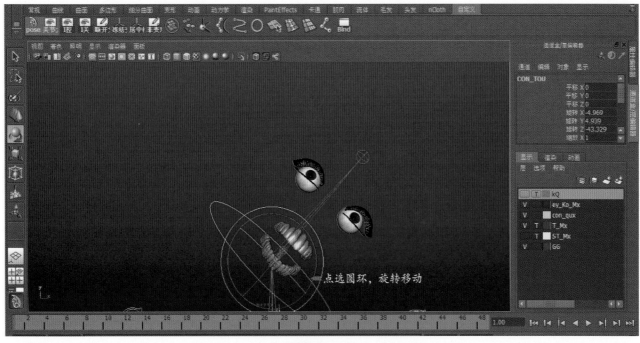

图12-11

12.4　绑定蒙皮

绑定蒙皮的操作步骤如下。①点选身体、头部模型，按 Shift 键加选根骨骼。②在"蒙皮"菜单下选择"绑定蒙皮"命令下"平滑绑定"后面的小方框，在弹出的模块中点击"绑定蒙皮"按钮，其他部分保持默认，如图 12-12 所示。

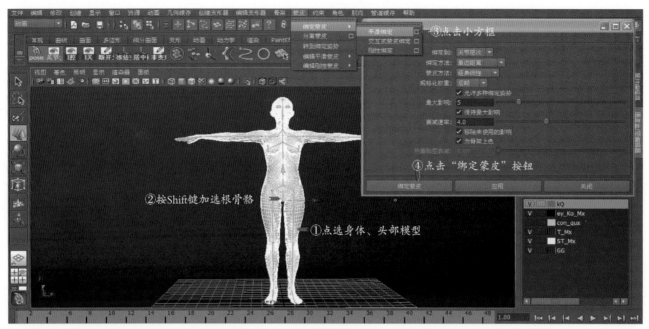

图12-12

③大约要花几秒钟时间完成蒙皮后点选身体模型，再点击右键，选择"顶点控制"模式，就可以看到所有模型网上的顶点颜色都会出现不同的渐变效果，如图 12-13 所示。

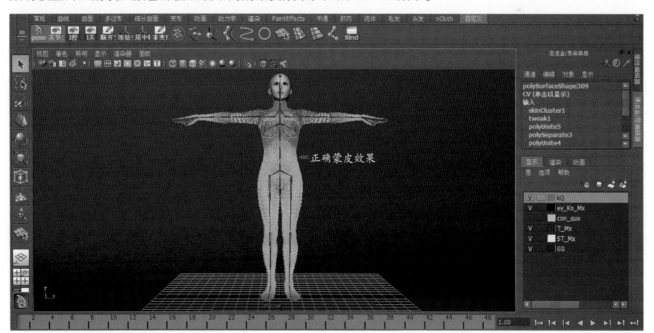

图12-13

12.5 骨骼权重与组件编辑器

蒙皮后，我们选择左边或者右边的"脚"曲线控制器，这时就会发现两条腿好像有磁性一样，很难完成也不可能完成走路或者其他动作，如图12-14所示。要让人体的两条腿能完成走路，就要使用组件编辑器。

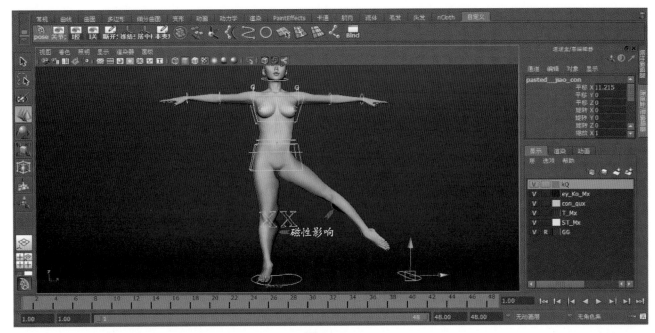

图12-14

使用组件编辑器的操作步骤如下。

①在窗口显示菜单中勾选取消关节、IK控制柄、变形器，将它们隐藏显示，点选身体模型，再点选右键并选择"顶点"模式，如图12-15所示。

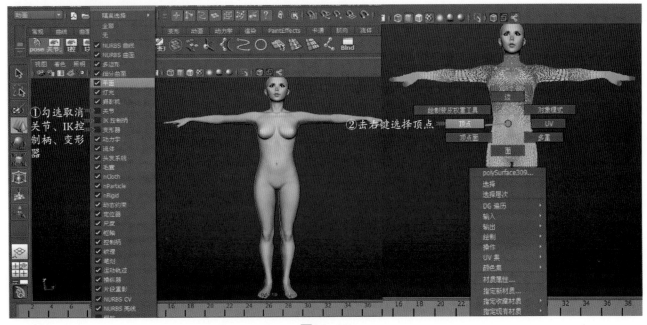

图12-15

②在工具栏点选"套索工具"由上往下框选腿部，同时按 Ctrl 加 Shift 键进行加选，如图 12-16 所示。

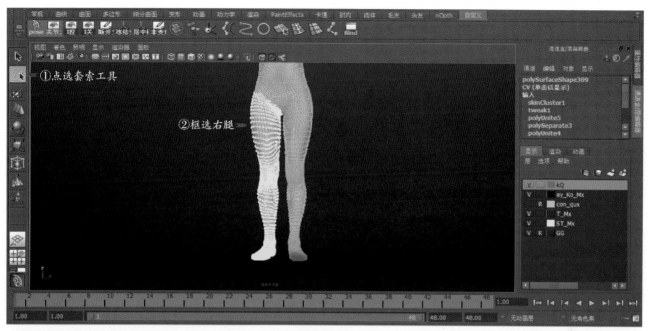

图12-16

③在"窗口"菜单下选择"常规编辑器"下的"组件编辑器"，同时按 Ctrl 加 Shift 键以建立快捷方式按钮，便于快捷操作，如图 12-17 所示。

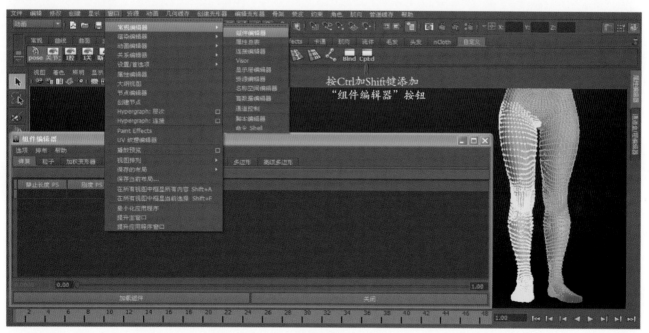

图12-17

"组建编辑器"也叫"权重编辑器",它看起来很复杂,其实只要选择"平滑蒙皮"选项,同时查看骨骼名称即可。现在可以看到有 L 开头的骨骼名称和 R 开头的骨骼名称,分别代表左腿和右腿。在这里,只需要按图 12-18 所示把受影响的参数删除即可完成它的权重操作。删除参数的操作步骤如下。

①点选 1~3 个单元格后按 Shift 键,再将右侧的滚动滑块拖到最低端。②点选最后一个单元格并输入 0,回车。③将左腿受到影响的参数全部删除,即可完成左腿的权重编辑。

注:这里的根骨骼名称和腹部骨骼等名称不能删除。

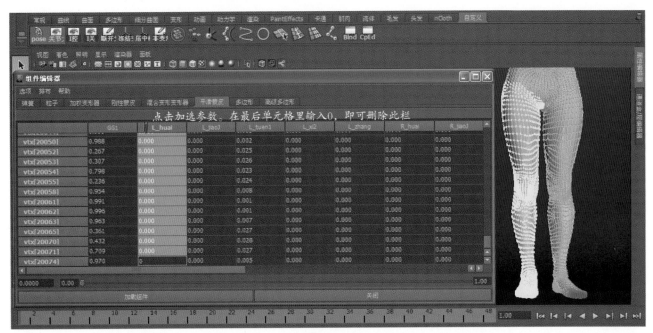

图12-18

用同样方法将右腿受到影响的骨骼参数删除,如图 12-19 所示。

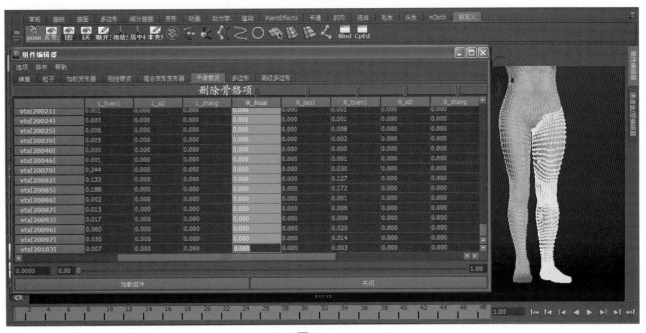

图12-19

删除骨骼参数后，就可以打开曲线控制器，摆放一种姿势，同时观看还有没有相互之间受影响的骨骼。如果没有，就表示蒙皮和权重编辑全面完成。身体其他部位一般不会有问题，因为它们没有直接影响条件。设置正确后的效果如图 12-20 所示。

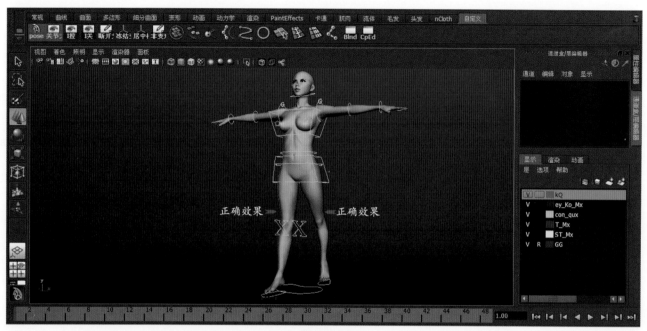

图12-20

第13章

标准走步动作编辑及动画输出渲染

本章学习重点：

人物的基本标准走路的动画，标准动作的调整。

13.1　标准走步技法关键帧动画

标准走步技法关键帧动画操作步骤如下。

①在第 1 帧处开启自动记录时间轴，同时按一下 S 键添加所有关键帧。②点选时间轴的第 3 帧，将以下表格对应参数输入后再按一下 S 键，如图 13-1 所示。

注：调整动作时均选择对应的控制曲线进行操作，添加动作和关键帧时要反复查看动作是否正确，只有动作正确后才进入下一步。

第一步起步动作 1

身体平移	平移x	平移y	平移z
			1.2
左脚平移	平移x	平移y	平移z
			2.4
右脚平移	平移x	平移y	平移z
左臂旋转	旋转x	旋转y	旋转z
			−80
左肘旋转	旋转x	旋转y	旋转z
右臂旋转	旋转x	旋转y	旋转z
			80
右肘旋转	旋转x	旋转y	旋转z
右脚曲线			
右脚曲线			

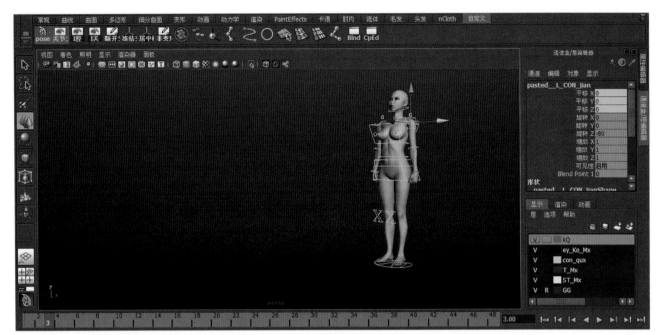

图13-1

③点选第 6 关键帧，输入起步动作参数，如图 13-2 所示。

第一步起步动作 2

身体平移	平移x	平移y	平移z
			1.2
左脚平移	平移x	平移y	平移z
			2.4
右脚平移	平移x	平移y	平移z
左臂旋转	旋转x	旋转y	旋转z
		30	−80
左肘旋转	旋转x	旋转y	旋转z
右臂旋转	旋转x	旋转y	旋转z
		30	80
右肘旋转	旋转x	旋转y	旋转z
左脚曲线	旋转x	旋转y	旋转z
		1	
左脚曲线	属性输入	4	

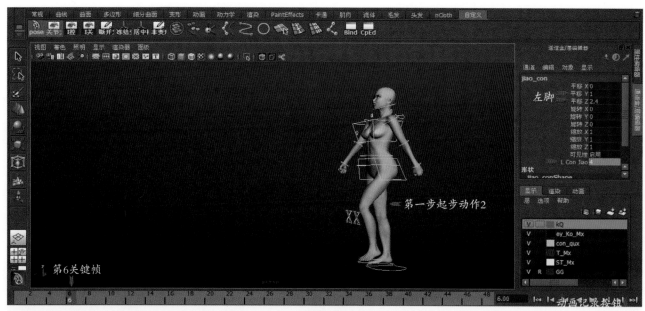

图13-2

13.2　标准走步

标准走步操作步骤如下。

①点选第 9 帧，添加动作关键帧，如图 13-3 所示。

注：每输入一动作参数后都按一下 S 键。

第一步完成动作

身体平移	平移x	平移y	平移z
			2.4
左脚平移	平移x	平移y	平移z
			4.8
右脚平移	平移x	平移y	平移z
左臂旋转	旋转x	旋转y	旋转z
		30	−80
左肘旋转	旋转x	旋转y	旋转z
		7	
右臂旋转	旋转x	旋转y	旋转z
		30	80
右肘旋转	旋转x	旋转y	旋转z
		20	30
右脚曲线	旋转x	旋转y	旋转z
		0	
右脚曲线	属性输入	1.6	

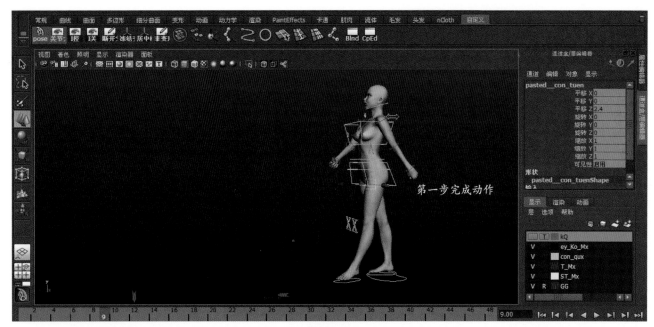

图13-3

②点选第 12 帧，如图 13-4 所示。

第二步起步动作

身体平移	平移x	平移y	平移z
			4.8
左脚平移	平移x	平移y	平移z
右脚平移	平移x	平移y	平移z
			6
左臂旋转	旋转x	旋转y	旋转z
		−30	−80
左肘旋转	旋转x	旋转y	旋转z
		0	
右臂旋转	旋转x	旋转y	旋转z
		−30	80
右肘旋转	旋转x	旋转y	旋转z
		0	0
右脚曲线	旋转x	旋转y	旋转z
		1	
右脚曲线	属性输入	0	

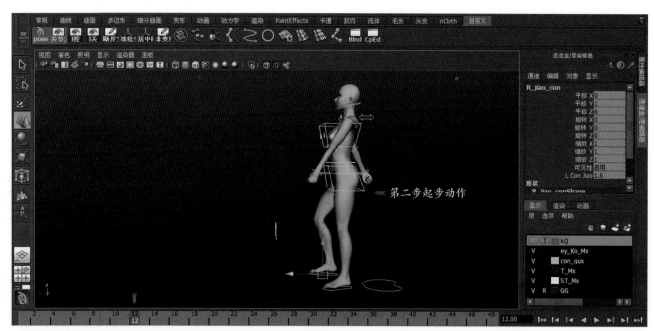

图13-4

③点选第18关键帧，输入参数，如图13-5所示。

第二步完成动作

身体平移	平移x	平移y	平移z
			7.2
左脚平移	平移x	平移y	平移z
右脚平移	平移x	平移y	平移z
			9.6
左臂旋转	旋转x	旋转y	旋转z
		−30	−80
左肘旋转	旋转x	旋转y	旋转z
		−20	−30
右臂旋转	旋转x	旋转y	旋转z
		−30	80
右肘旋转	旋转x	旋转y	旋转z
		−7	0
右脚曲线	旋转x	旋转y	旋转z
		0	
右脚曲线	属性输入	1.6	

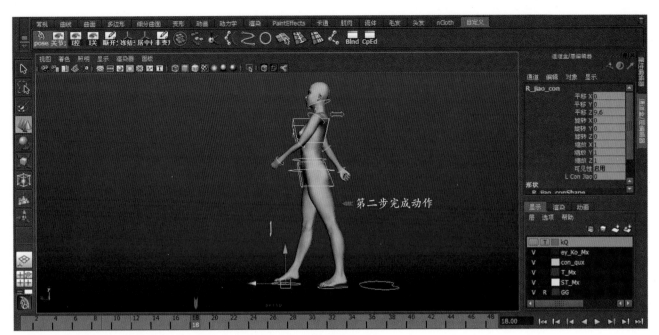

图13-5

④点选第 21 关键帧，输入起步参数，如图 13-6 所示。

第三步起步动作

身体平移	平移x	平移y	平移z
			9.6
左脚平移	平移x	平移y	平移z
			12.6
右脚平移	平移x	平移y	平移z
左臂旋转	旋转x	旋转y	旋转z
		30	−80
左肘旋转	旋转x	旋转y	旋转z
		0	0
右臂旋转	旋转x	旋转y	旋转z
		30	80
右肘旋转	旋转x	旋转y	旋转z
		0	0
左脚曲线	旋转x	旋转y	旋转z
		1	
左脚曲线	属性输入	1.6	

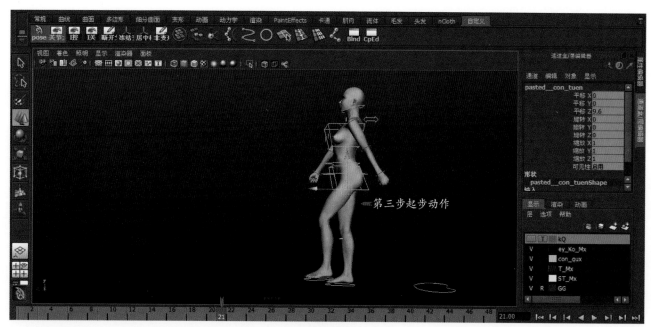

图13-6

⑤点选第 26 关键帧，输入动作参数，如图 13-7 所示。

第三步完成动作

身体平移	平移x	平移y	平移z
			12.6
左脚平移	平移x	平移y	平移z
			14.4
右脚平移	平移x	平移y	平移z
左臂旋转	旋转x	旋转y	旋转z
		30	−80
左肘旋转	旋转x	旋转y	旋转z
		7	0
右臂旋转	旋转x	旋转y	旋转z
		30	80
右肘旋转	旋转x	旋转y	旋转z
		20	30
左脚曲线	旋转x	旋转y	旋转z
		0	
左脚曲线	属性输入	1.6	

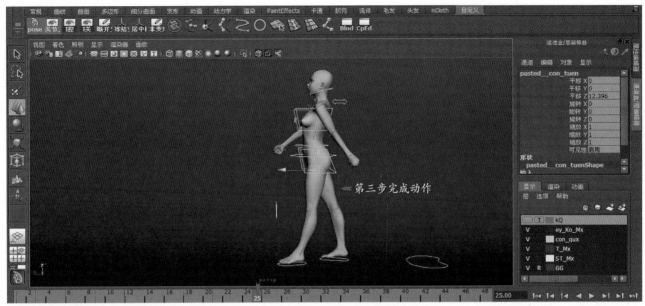

图13-7

13.3 动画AVI格式渲染输出

动画渲染输出步骤如下。

①打开渲染设置，其中颜色管理选择默认，输入文件名为 Zhou_30，选择输出文件格式为 AVI 无压缩动画格式，选择扩展名为 name.ext，在"结束帧"栏内输入 26.000，如图 13-8 所示。

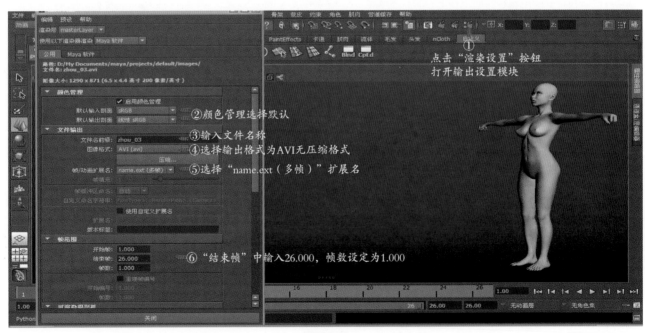

图13-8

②勾选"保持宽度/高度比率"和"像素纵横比","宽度"设置为1290,"高度"设置为871,"分辨率"设置为200.000,其他保持默认状态,如图13-9所示。

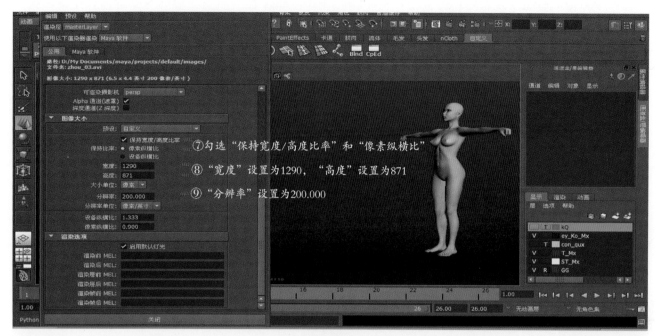

图13-9

③继续点击"Maya软件"选项卡,选择"质量"项为"中间质量","边缘抗锯齿"项为"最高质量",勾选"光影跟踪",其他保持默认即可,如图13-10所示。

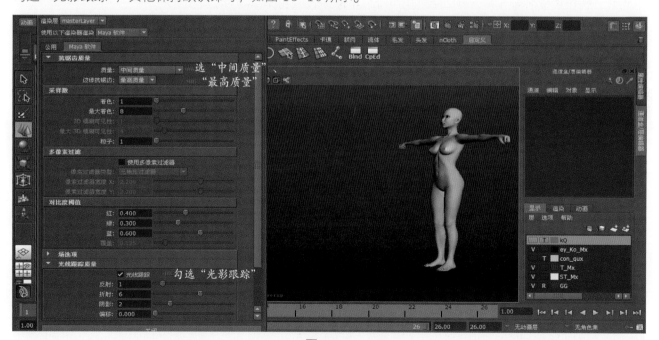

图13-10

13.4 保存动画渲染

在"预设"菜单下选择"将设置保存为预设"命令，并在弹出的编辑器的"预设名称"栏内输入zhou_03，再点击"保存预设"按钮完成设置，如图 13-11 所示。以上设置可根据自己的计算机配置自行确定。

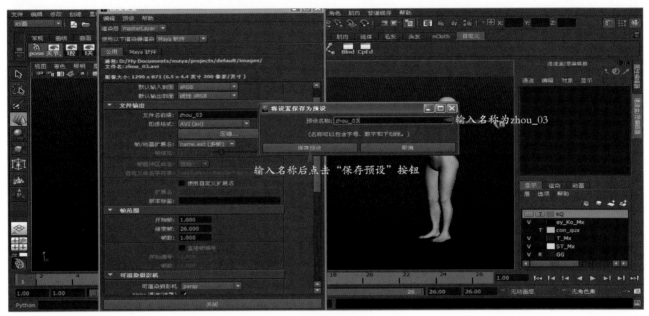

图13-11

切换到"渲染"模块，在"渲染"菜单下点击"批渲染"命令后面的小方框，在所弹出的"批渲染动画"对话框中点击"批渲染"按钮开始渲染，如图 13-12 所示。

一般默认保存路径为 C:\Documents and Settings\Administrator\My Documents\maya\projects\default\scenes。不要修改保存路径。

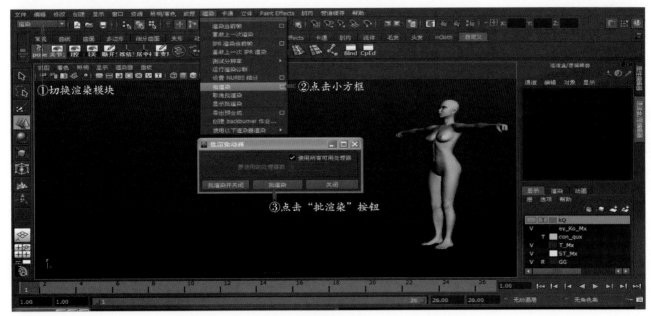

图13-12

1. 课程名称："Maya 核心动画快车"——人物动画骨骼约束绑定蒙皮核心驱动控制制作
2. 总学时：96
3. 学　分：6
4. 授课对象：动画专业方向本、专科
5. 预修课程：计算机操作基础、三大构成
6. 教学方法：理论讲解和上机指导
7. 考试方式：考核、考查
8. 学习目的：了解、理解、熟悉、掌握
9. 开课时间：本科第 6 学期，专科第 4 学期
10. 教学重点：人体骨骼的建立技巧及曲线控制器建立方法
11. 教学难点："骨骼"动作驱动"关键帧"属性设定
12. 教学定位：核心骨骼驱动与曲线控制、蒙皮与权重、人物标准走步关键帧动画编辑、动画渲染与输出
13. 学时分配：理论学时 32　　实践学时 64

项　目	内容要点	学 时
第一章　界面认识与工具应用	Maya菜单·选项卡	4
第二章　Maya核心动画动作驱动制作工具命令简介	工具盒·大纲视图	8
第三章　建立腿部骨骼及1K连接骨骼	骨骼属性编辑及设置等	4
弟四章　建立膝部文字曲线及其曲线驱动控制	骨骼驱动·函数与代码	12
第五章　建立上身骨骼"C（簇）"、IK样条线控制	"C"建立方法与应用方法	4
第六章　建立身体外部控制器及连接约束绑定	绘制CU曲线·IK与FK的融合与应用等	16
第七章　手臂骨骼、IK连接与骨骼镜像	组件编辑器的使用·骨骼应用及其基本元素	4
第八章　函数表达式、手指运动及关键帧驱动	权重编辑器的使用·刷权重与表情的关系	8
第九章　添加关节曲线控制器属性及全身苹果控制器	复杂的曲线绑定及其应用顺序	4
第十章　IK、FK的融合、驱动与隐藏	驱动与隐藏的作用·IK、FK的融合编辑	12
第十一章　乳房骨骼的添加与骨骼镜像"C"（簇）控制	巧用簇"C"建立灵活身体	4
第十二章　五官绑定及身体蒙皮	五官绑定技巧·柔性蒙皮与权重编辑器的使用	4
第十三章　标准走步动作编辑及动画输出渲染	动画渲染设置· 编辑标准走步动作· 渲染输出	12

14．课程简介：

（1）目的：熟悉和掌握核心动画制作与驱动"关键帧"的灵活应用

（2）要求：为三维动画制作打下扎实的基础，及为角色动画制作打下基础

（3）任务：完成较为完整的女性人体模型骨骼的建立、控制及动作属性设定、蒙皮与权重编辑、关键帧 动画制作、动画渲染输出

15．教学实验基本信息汇总表

学习基本任务	理论学时	实践学时
Maya菜单·选项卡	2	2
工具盒·大纲视图	1	7
骨骼属性编辑及设置等	2	2
骨骼驱动·函数与代码	4	8
"C"建立方法与应用方法	1	3
绘制CU曲线·IK与FK的融合与应用等	6	10
组件编辑器的使用·骨骼应用及其基本元素	1	3
权重编辑器的使用·刷权重与表情的关系	4	4
复杂的曲线绑定及其应用顺序	1	3
驱动与隐藏的作用·IK、FK的融合编辑	2	4
巧用簇"C"建立灵活身体	2	4
五官绑定技巧·柔性蒙皮与权重编辑器的使用	3	7
动画渲染设置· 编辑标准走步动作· 渲染输出	3	7

课程进度表

总学时：96；理论学时：32；实践学时：64。

	教学内容分配		教学方式	理论时间	实践时间
第一周 第一次			理论	4	
第二次			理论	4	
第三次			理论及演示	1	3
第四次			理论及演示	1	3
第二周 第一次			理论及演示	1	3
第二次			理论及演示	1	3
第三次			理论及演示	1	3
第四次			理论及演示	1	3
第三周 第一次			理论及演示	1	3
第二次			理论及演示	1	3
第三次			理论及演示	1	3
第四次			理论及演示	1	3
第四周 第一次			理论及演示	1	3
第二次			理论及演示	1	3
第三次			理论及演示	1	3
第四次			理论及演示	1	3
第五周 第一次			理论及演示	1	3
第二次			理论及演示	1	3
第三次			理论	4	
第四次			理论	4	
第六周 第一次			理论及演示	1	3
第二次			理论及演示	1	3
第三次			理论及演示	1	3
第四次	考试考查命题与试卷	考查要求：打印A3铜版纸考卷 截图三张：①绑定后的截图 ②完整骨骼截图 ③动画的动作图 实践80分，理论20分。	考核、考查		4